防震避险小达人

（插绘版）

中国地震局 指导

中国灾害防御协会 组织编写

地震出版社

图书在版编目（CIP）数据

防震避险小达人：插绘版 / 中国灾害防御协会组织编写. -- 北京：地震出版社，2023.2（2024.4重印）

ISBN 978-7-5028-5538-3

Ⅰ. ①防… Ⅱ. ①中… Ⅲ. ①地震灾害—自救互救—普及读物 Ⅳ. ① P315.9-49

中国版本图书馆 CIP 数据核字 (2023) 第 021658 号

地震版 XM5761/ P（6361）

防震避险小达人（插绘版）

中国地震局　指导

中国灾害防御协会　组织编写

责任编辑：李肖寅

责任校对：凌　樱

出版发行：地震出版社

北京市海淀区民族大学南路 9 号　　邮编：100081

发行部：68423031　　传真：68467991

总编办：68462709　68423029

http：//seismologicalpress.com

E-mail：dz_press@163.com

经销：全国各地新华书店

印刷：河北文盛印刷有限公司

版（印）次：2023 年 2 月第一版　2024 年 4 月第二次印刷

开本：710 × 1000　1/16

字数：68 千字

印张：5

书号：ISBN 978-7-5028-5538-3

定价：25.00 元

前　言

四川安县桑枣中学“史上最牛校长”创造的奇迹——“2008年汶川8.0级大地震时2200多名师生在1分36秒内全部逃离了教学楼，学校没有一人在地震中受伤或者遇难”。

英国10岁小女孩、“海啸天使”蒂莉·史密斯创造的另一个奇迹——在历史罕见的2004年印尼大海啸发生时，当时看到的海面情景，让她联想到地理老师曾说过：“海水突然退去和里面产生气泡就是海啸的前兆。”她的警告使迈考海滩成为泰国普吉岛少数几个在海啸中没有出现任何人员伤亡的海滩……

类似奇迹总是会带给我们很多联想和思考。

各种灾害发生时，第一时间“第一响应者”的行为正确还是错误，往往决定了灾害损失的大小。假如你遭遇地震灾害事件，你将会怎样面对呢？也许你已经经历过震灾，那么下次遭遇同样的情况，你会采取什么不同的措施呢？显然，“积极做好准备”是最好的答案。

《防震避险小达人（插绘版）》收集整理了地震来了怎么办、远离火灾等地震次生灾害、自救互救与震后的注意事项、认识地震和地震灾害、做好日常防震和应急准备、学习现场急救知识、抗震设防七个部分的防震减灾科普知识，文字简洁，内容通俗易懂，图文并茂，实用性强。

为了便于使用，本书在标题前标注了不同的符号，内容适合不同年龄段的读者参考学习（适合于低年龄段孩子和学生的知识，同样可供更大年龄段的孩子学习）——

标题前标注  的内容，适合幼儿园和小学低年级学生；

标题前标注  的内容，适合小学中、高年级学生；

标题前标注  的内容，适合初中生；

标题前标注  的内容，适合高中生及成人。

希望通过阅读本书并经过必要的训练，帮助幼儿园和小学低年级学生学会“自救”，在灾害发生时，能做出“按照大人的指令行动”“能够自主地做出防身动作”；小学中、高年级学生学会“自救”，在灾害发生时能够保护自身安全，做到“按照大人的指令行动”“没有大人指示也能采取行动保护自身安全”“能采取行动规避危险”；初中生学会“自救”与“互救”，做到“了解地震、火灾以及日常生活中灾害发生的原理，并具备基本的防灾行动能力”；高中生学会“自救”与“互救”，做到“灾害发生时，能独立做出判断，采取应急措施开展救援活动”,同时“能够承担灾害初期应急处置工作”。

希望本书能够进一步增强广大青少年和儿童的地震安全理念，使他们从小掌握基本的防震避险逃生自救技巧,达到“教育一个学生，带动一个家庭，影响整个社会”的良好效果，为弘扬良好的防震减灾文化助一臂之力。

目录

一、地震来了怎么办

二、远离火灾等地震次生灾害

三、学会自救互救

四、认识地震灾害风险

五、日常防震应对准备

六、学习现场急救知识

七、怎样选择抗震性好的房子

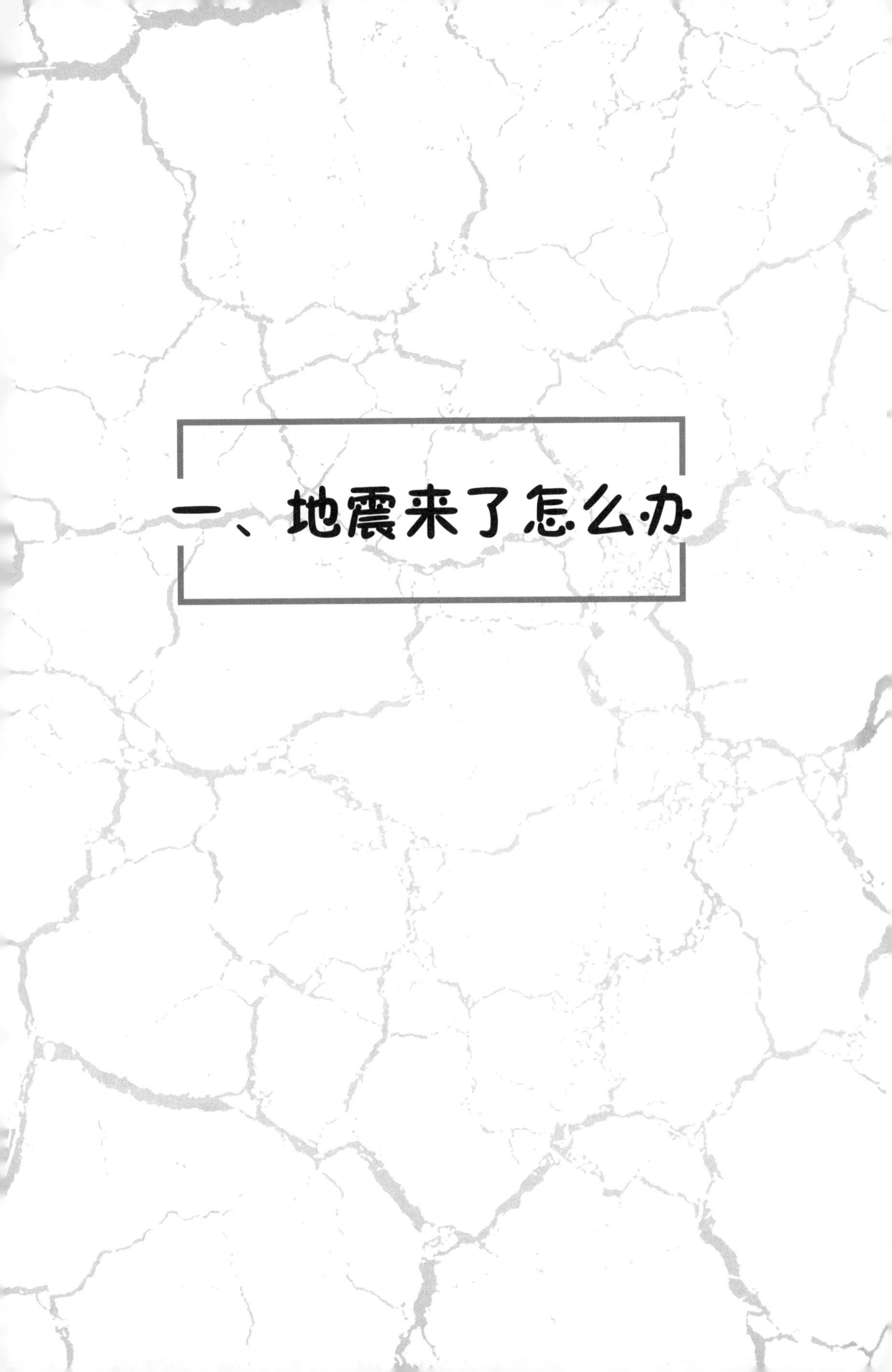

一、地震来了怎么办

安全避震的关键是因地制宜并迅速果断

地震时每个人所处的环境、状况千差万别，避震方式也不可能千篇一律，要具体情况具体分析。这些情况包括：是住平房还是住楼房，地震发生在白天还是晚上，房子是不是坚固，室内有没有避震空间，你所处的位置离房门远还是近，室外是否开阔、安全等。**希望阅读全书，后面相关章节的内容能帮助到你！**

避震能否成功，就在千钧一发之际，决不能瞻前顾后，犹豫不决。如果住在平房或楼房一层，避震时，更要行动果断，感到地面振动时，应紧急逃到室外空旷场地，切勿因贪恋财物耽搁时间。

如果住在楼房其他层，应“伏而待定，不可疾出”；应抓紧时间靠近合适的避震场所，采取安全的避震姿势。

室内避震“五要”“三不要”

地震发生时，一定要保持清醒的头脑和冷静的态度，震时就近安全躲避，震后迅速撤离到安全地方。

家庭安全避险常识

室内避震，一定**要**注意避开门窗附近等墙体的薄弱部位。

遇到强有感地震，正在上课的学生，**要**在老师的指挥下迅速抱头、闭眼，躲在各自的课桌下或课桌旁。

在家里遇到地震时，**要**暂时躲避在坚实的家具下面或旁边，或内墙角处，最好能抓紧桌腿或家具的一边。

在躲避的过程中，一定**要**注意保护好头颈部、眼睛和口鼻等身体的重要部位：用枕头或手护住头部和后颈；紧闭双眼；用湿毛巾捂住口、鼻。

地震后千万**不要**惊慌失措，盲目乱跑！

一定**不要**跳楼！

躲过主震后，应迅速撤到户外；撤离时**不要**乘坐电梯。

躲在靠近承重墙位置较安全

室内较安全的**避震空间**有：承重墙墙根、内墙角；水管和暖气管道旁边；等等。

蹲在暖气旁较安全，暖气的承载力较大，金属管道的网络性结构和弹性特点使其不易被撕裂，即使在地震大幅度晃动时也不易被甩出去；暖气管道通气性好，不容易造成人员窒息；管道内的存水还可延长存活期。更重要的

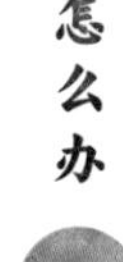

一点是，被困人员可采用击打暖气管道的方式向外界传递信息，而暖气管道靠外墙的位置有利于最快获得救助。

屋内**不利于避震的场所**有：没有支撑物的床上；吊顶、吊灯下；周围无支撑的地板上；玻璃（包括镜子）和大窗户旁。

厨房不一定是最佳避震场所

需要特别注意的是，当躲在厨房这样的小开间时，要尽量远离炉具、煤气管道、电器及放在橱柜较高处的易破碎的碗碟等。若厨房处在建筑物的犄角旮旯处，且隔断墙为薄板墙，就不要把它选择为最佳避震场所了。

此外，不要钻进柜子或箱子里，因为人一旦钻进去便会立刻丧失机动性，视野受阻，四肢活动受限，不仅会错过逃生机会，还不利于被救。

一定不能慌忙乱跑

地震导致房屋垮塌，只需要 10 多秒时间。而真正在强烈摇晃时，拼命向楼下跑的方式是很危险的，因为楼梯间原本就是建筑物最薄弱的环节。因此，专家表示，**"真正应对突发大地震，以最快速度，躲进最近的安全空间才是最好的方式。"**

"震时保持冷静，震后走到户外"，这是避震的国际通用守则。国内外许多起地震实例表明，在地震发生的短暂瞬间，人们在进入或离开建筑物时，被砸死砸伤的概率最大。因此，住在楼房的居民，首先要选择室内避震。

砌体结构楼梯间严重破坏

无数大地震震例表明，20层及以上的建筑，以及地下结构较深（如有地下室、地下车库、地下商场等）的建筑，鲜有遭受地震严重破坏或倒塌的。

另外，2008年四川汶川地震后，国家开展了校园安全工程建设，新建的学校教学楼抗震性能要高于附近地区的民房，地震时可就近避震，以防被坠落物砸伤，地震后再有序撤离，避免因踩踏造成伤亡。

> 对处于平房中的人来说，还是以迅速跑出室外为首选。地震时，如果你站不住或坐不稳，就说明低矮旧房会遭遇严重的地震破坏；一楼的人务必尽可能地向外跑，能跑多快就跑多快，尽快远离建筑物；二楼及以上楼层的人很难跑到更安全的地方，最好的办法是就近避震，等地震晃动结束后及时撤离到建筑物外的露天广场。

一定不能跳楼逃生

遇到地震时，千万不可惊慌失措，跳楼逃跑。楼房如果很高，跳楼可能会摔死或摔伤，即使安全着地，也有可能被倒塌下来的东西砸死或砸伤。

唐山大地震震害调查结果表明，**因跳楼或逃跑而伤亡的人数，在几种主要伤亡形式中占有较高的比例**。

地震时，造成钢筋混凝土大楼一塌到底的情况极少。因为钢筋混凝土的建筑物，除了具有一定的刚性外，还有相当的韧性，很难在地震中被一下子彻底摧毁。所以，地震时暂时安全地躲避是较为明智的选择。

向安全的地方转移时不要双手抱头

我国很多地方在进行地震疏散演练时，**采用双手抱头跑动的姿势，这是错误的**！对于高空坠落物，用双手是护不住头部以阻挡受伤的，反而会遮挡视线，妨碍观察和避开高空坠落物。再者，在跑动过程中，通过双手的摆动可以保持身体的平衡，以避免摔倒。而有人摔倒，不仅使其本人受伤，更是引发群体踩踏事故的主因。

因此，地震时如果没有烟尘，要跑就要放开双手跑（有浓烟时注意要掩口鼻），并尽可能冷静和适时观察周围环境，及时避开高空坠落物，避免踩踏等突发事故。

不同情形下的避震动作要领

最初感觉震动时，关闭火源、电源。摇晃时立即互相招呼："地震！快关火！"最容易操作的人采取行动关火。平时就要养成即便是小的地震也要关火的习惯。

感到明显晃动时，蹲下或坐下，降低身体重心，尽量蜷曲身体，以减少身体暴露在外的面积。需要指出的是：**躺卧的姿势并不科学**。那样做，人体的平面面积加大，被击中的概率要比站立和蹲伏大好几倍，而且很难机动变位。

感到剧烈晃动时，抓住身边牢固的物体，如暖气管，以防因身体移位而受到坚硬物体的碰撞伤害。

有建筑碎屑或碎块掉落时，**注意保护头颈部：**有可能时，用身边的物品，如枕头、被褥、书包等顶在头上；或者低头，用手护住头部和后颈。

有粉尘或闻到异味时，**保护眼睛：**低头、闭眼，以防异物伤害；**保护口鼻：**有可能时，可用湿毛巾或衣袖捂住口鼻，以防灰土、毒气进入口腔、鼻腔。

在大的晃动停息、准备撤离到户外时，还可以尝试关火。如果在大的晃动来临之前的小的晃动时没来得及关火，大的晃动已经发生时，不要尝试去关火，以免发生危险。在大的晃动停息时，可以尽快去关火。

在家里怎么避震

平时要规划好家庭避震空间。发生破坏性地震时，住楼房的人如果在家里，可以选择躲在室内比较安全的地方：

（1）开间小、有支撑物的房间；

（2）室内承重墙的内墙角；

（3）低矮、坚固的家具边；

（4）坚固的桌下或者床下。

在教室怎样避震

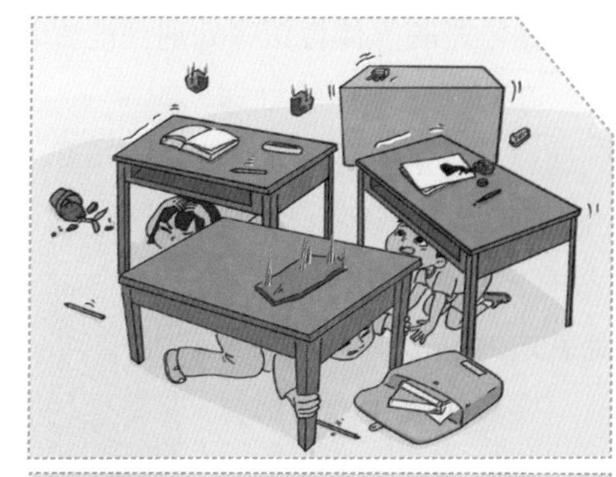

正在上课时，学生要在老师指挥下躲避在课桌下或课桌旁，迅速护住头部、闭眼。尽量蜷曲身体，降低身体重心。尽可能离开外墙和玻璃窗，避开天花板上的悬吊物，如吊扇、吊灯等。内墙墙角处也可暂避。

在室内无论在何处躲避，都要尽量用书包或其他软物体保护头部，这等于给自己戴了一个软头盔。

避震时，人员应当分散，不要过于集中，最好留出通道。

地震平息后，应在老师的统一指挥下，迅速有序地撤离，转移到安全地带。必须要注意安全和秩序，不要一窝蜂地挤向楼梯，以免因相互踩踏而造成不必要的伤亡。

在操场或室外怎么避震

在操场或室外时，要迅速远离易爆和易燃及有毒气体储存的地域。避险时，应远离篮球架、高楼、有玻璃幕墙的建筑、大烟囱、水塔、高压线以及峭壁、陡坡，不要在狭窄的巷道中停留，**应尽量选在空旷的地方躲避**，可原地蹲下，双手保护头部。

地震发生后，在确定安全并获得老师的允许之前，千万不要返回教室内取东西。

如果在野外，就要飞速避开水边，如河边、湖边，以防河岸坍塌而落水。还应避开山边的危险环境，如山脚下、陡崖边，以防山崩。不要在陡峭的山坡、山崖上，以防地裂滑坡。

在影剧院等公共场合怎样避震

在影剧院、体育馆等处遇到地震时，可就地蹲下或趴在排椅下。

在商场、书店等处遇到地震，可选择结实的柜台、商品（如低矮家具等）或柱子边，以及内墙角等处就地蹲下。

在宾馆发生地震时，应迅速躲在坚固的桌下或床下（旁），千万不要滞留在床上，也不要到阳台上、外墙边或窗边，不要往楼梯跑，不要乘电梯，更不能跳楼。

在电梯中发生地震时，首先会感到电梯箱与周围墙壁的碰撞，此时应立即在临近的楼层停下，马上离开电梯，就近躲在大柱子旁、内墙角、卫生间等地方。

在人多的公共场所应注意保护自己

在百货公司、地下街等人员较多的地方，最怕发生混乱。所以一定要听从工作人员指挥，千万不要乱跑，不要慌乱拥挤，不要拥向出口，尽量避开人流。

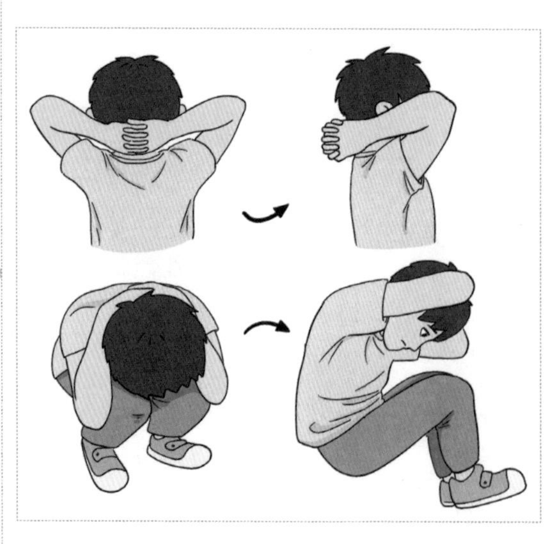

如果在人多的公共场所无处可躲，可以采取**“双手紧握，手臂护头，屈身侧卧”**，也就是**“双手在颈后紧扣，以保护头部和颈椎；身体蜷曲成球状并侧卧，以免脊柱受损”**，既可最低限度护住头部和脊柱，又能利用自身形成一定的呼吸空间，还可避免在拥挤人群中因踩踏而致伤亡。这应该是极端情况下最好的避震方法。

坐在车上怎么避震

如果地震时，你坐在行驶中的车辆上，应尽量系上安全带，将胳膊靠在前座席的椅背上，护住面部，身体倾向通道，两手护住头部；如果你在公交车上是站立状态,则应降低重心，躲在座位附近，同时用手牢牢抓住扶手或座椅等，以免摔倒或碰伤。

如果在停车场遇到地震，而这个停车场周围又高楼林立，没有空旷区域，那么一定要赶紧下车，**在车旁或两车之间的位置抱头蹲下或卧倒**。地震时很多在停车场丧命的人，都是在车内被倒塌的建筑物活活压死的，在两车之间的人，却毫发未伤。在车旁或两辆车之间的空隙，可以成为你救命的空间，增加存活机会。

应对地震时的特殊危险

地震时,可能会遇到一些特殊的危险,这时候,一定要保持冷静,特别小心。

燃气泄漏时：用湿毛巾捂住口鼻；千万不要使用明火，震后设法转移。

遇到火灾时: 趴在地上,用湿毛巾捂住口鼻。地震停止后向安全地方转移,要匍匐、逆风而进。

毒气泄漏时：遇到化工厂着火，毒气泄漏，不要向顺风方向跑；应尽量绕到上风方向去，并尽量用湿毛巾捂住口鼻。

强震之后应注意防强余震

强烈地震之后，地震区的原有地壳平衡状态被破坏，在逐渐向新的平衡状态调整的运动过程中，可能会出现一系列的小地震活动（余震）来释放剩余能量。

由于构造环境不同，有的强地震的余震很少，有的强地震的余震则很多；有的强地震的余震，发生在很短的时间内，有的余震则会发生在数年甚至上百年时间内。

强余震也会造成破坏。因为，许多建筑物遭受主震冲击以后，外观虽然还没被破坏，但大部结构被抖松或震损，处于失稳的临界状态，已变得不太牢固。在这种情况下，再遭受强余震，就更容易被破坏了。例如，1952 年 7 月 21 日美国加利福尼亚州克恩郡发生 7.5 级地震后，主震在贝克兹菲尔德造成较轻破坏，第二天发生了一次强余震，使贝克兹菲尔德遭到毁灭性的破坏。

制作地震报警器

地震又称地动、地震动，是地壳快速释放能量过程中造成的震动，同步产生地震波。地震报警仪就是集声、光、电为一体的电子报警器，它利用垂体摆动力学原理和物理声光电磁运动原理，当地震仪受到震动时，垂体发生摆动，并带动悬垂的裸线间接的接通未闭合的电路系统，蜂鸣器与二极管便同时工作，发出“嘟嘟”的报警声音，同时红灯闪烁，从而起到报警作用，在破坏力强烈的地震波到来之前，提醒人们及早防震避灾。

【实验目的】

认识地震现象，了解地震报警器的原理；

培养勇于探索的意识和学习地震自救能力；

能够利用摆的运动并结合电路来实现地震报警。

【实验器材】

双面胶、蜂鸣器、发光二极管（蜂鸣器和发光二极管可用玩具枪上的报警器或电子门铃的部件代替）、塑料管、泡沫、电池盒、塑料盒、细铜丝、导线、小底座、玻璃球、带铜丝的极片，见下图。

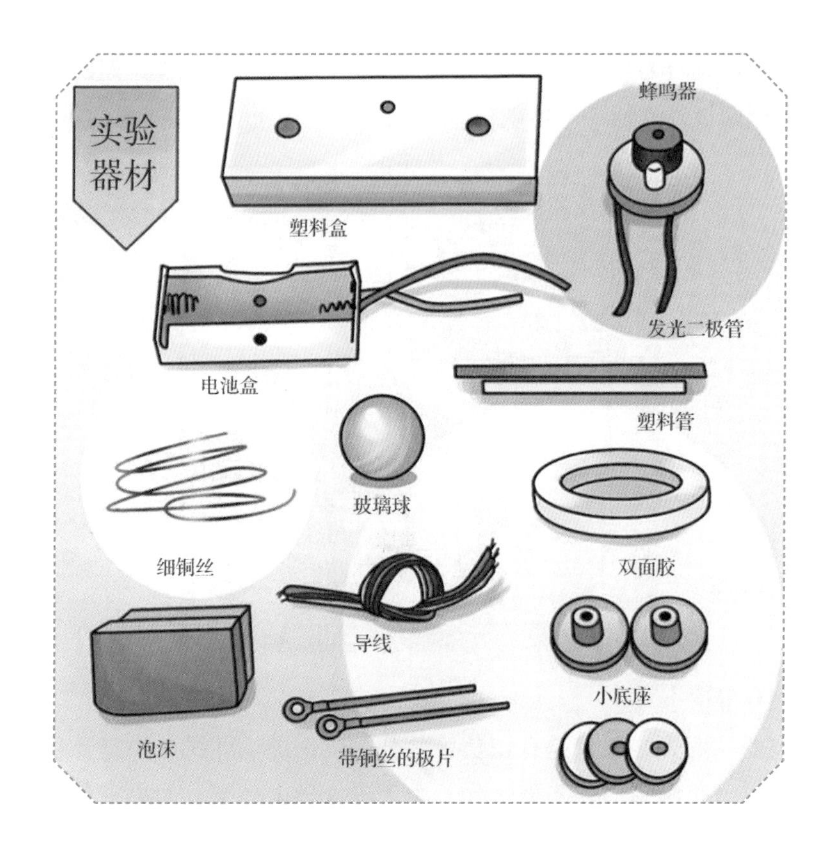

【实验步骤】

第一步：把带极片的铜丝中间位置按照下页图所示弯成 90° 角。

第二步：导线穿入塑料管内，一端留出适当长度，再把带铜丝的极片插入塑料管（极片与铜丝所弯角度方向一致的插长塑料管，极片与铜丝所弯角度方向垂直的插短塑料管），并把留出的导线和极片（或铜丝）连接（另外一根塑料管进行同样操作）。

第三步：把"第二步"做好的二极管导线，穿过两片贴有双面胶的泡沫之间，与塑料盒黏接，固定在盒子的两头。

第四步：把蜂鸣器和二级管导线穿过双面胶和塑料盒中间的圆孔并粘贴在塑料盒上。

第五步：把塑料盒上面的装置视为开关，标出用电器（发光二极管、蜂鸣器）的正负极。然后，连接电路（发光二极管、蜂鸣器已连接，红线是正极）。电路接完后，装上电池，用双面胶粘贴固定，盖上后盖即可。

第六步：把细铜丝系上玻璃球穿过下端极片上的孔，调整到适当的高度后，缠在上端的极片上，进一步调整，直至铜丝在静止的时候正好在下端极片孔的中间位置时为止。这时，蜂鸣器与发光二极管都不工作，如出现晃动，铜丝就会把两极片连通，电器就报警。

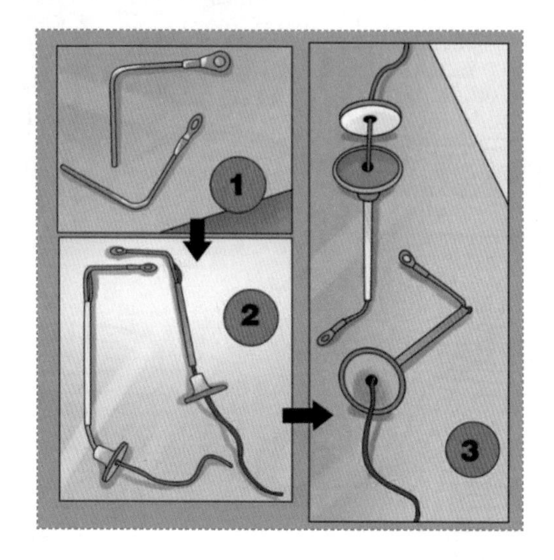

【注意事项】

蜂鸣器、发光二极管是有正负极之分的，正极（红线）一定要和电源的正极相连接，否则它们就不能工作。为了确保导电效果，如果有条件，各导线接头处最好用电焊焊住。

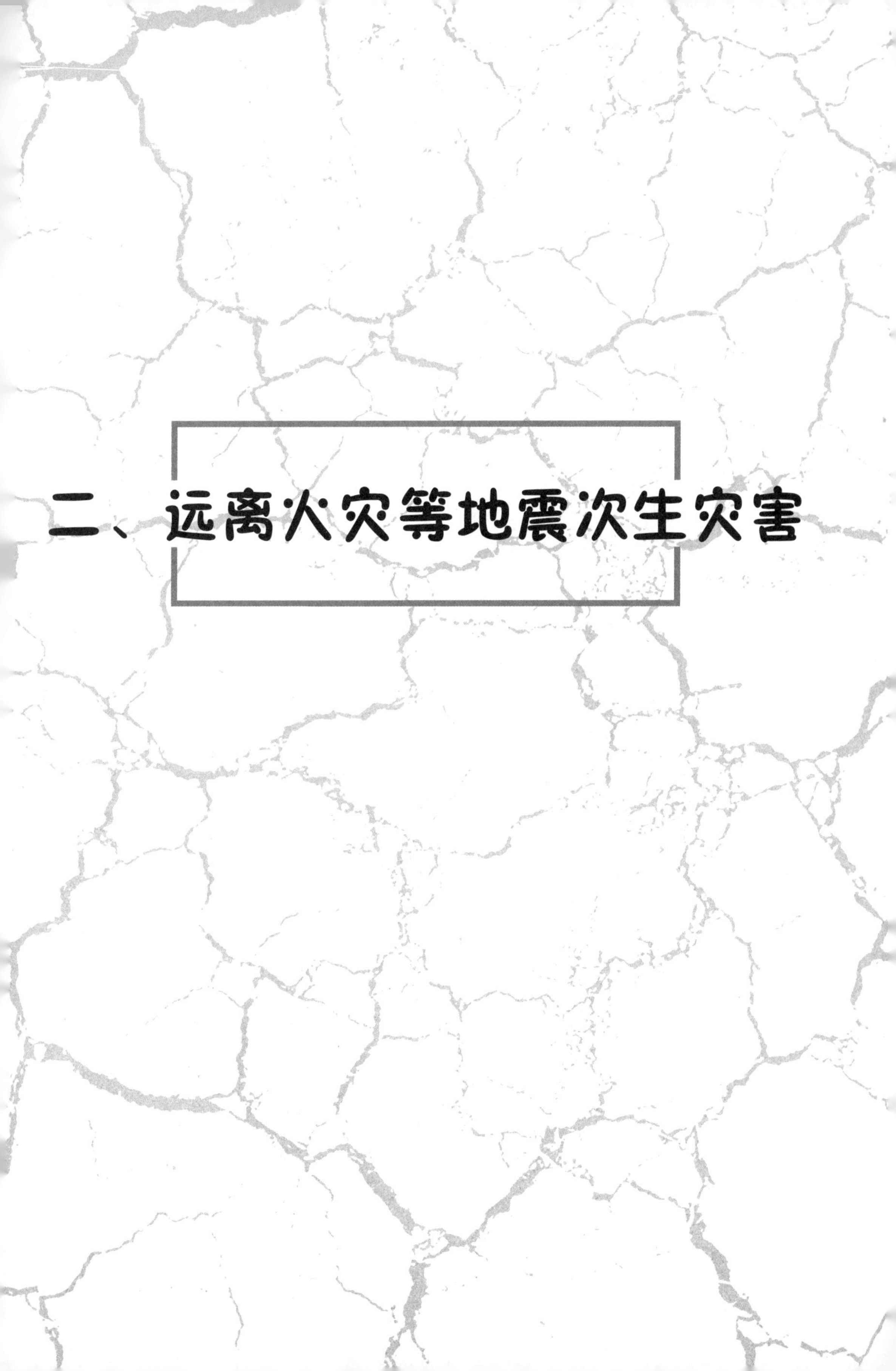

二、远离火灾等地震次生灾害

小朋友跟家长一起做好应对地震次生火灾的准备

要学会在有烟雾的时候，正确弯腰俯身安全逃生。

在家长的指导下，反复练习自己身体衣物着火时的动作要领——“停下，趴下，打滚”。要记住，跑动只会使火焰蔓延得更加迅速。

和家长一起选择一个室外的应急集合地点，如某棵树、某个街角或者花坛。确保与热浪、烟和火焰保持安全距离。和家长约定好，如果发生火灾就直接去集合地点。

一旦到了外面，就要在安全的地方待着，千万不要因担心财务或宠物等而贸然返回室内。

和家长一起寻找两条不同的路线从各个房间逃出，并在白天与晚上分别进行练习。

如果有条件，要学会使用逃生用的梯子或安全绳，要知道它们平时放在哪里。

一年至少进行两次家庭逃生计划演练。

在家中房屋的每一层都安装好烟雾报警器，特别是在卧室附近。每月都应该对它们进行清理与检查，并至少每年更换一次电池。

要知道烟雾报警器的报警声音。

儿歌：发现着火先报警

发现着火先报警，灵活应对控火情。
木头、棉布等起火，可以直接用水泼。
油类、酒精等燃烧，沙土、湿被盖火苗。
油锅着火不要慌，盖好锅盖能帮忙。
厨房着火风险高，灭火器材常备好。
电器起火易触电，先断电源最关键。

常用的灭火方法

平时，家里要准备手提式灭火器、灭火毯、消防过滤式自救呼吸器等家庭火灾应急设备。并且，要学习和掌握一些防火的知识和处理火情的基本要领。

家庭一旦发生火灾，不能慌乱，要尽快根据燃烧情况，采取科学的方法灭火：

（1）冲水冷却法。用水直接喷射到燃烧物上，熄灭火焰；或用水喷射到附近的可燃物上。

（2）隔绝空气法。用湿棉被等难燃物或不燃物，覆盖在燃烧物表面上，隔绝空气，将火熄灭。

（3）防止蔓延法。将附近的易燃物和可燃物，从燃烧区转移走。

怎么选择灭火器

灭火器是最常用的可携带的灭火工具，存放在公众场所、家庭或其他可能发生火灾的地方。针对不同类型的火灾，应选用不同种类的灭火器。各类灭火器内装填的成分是不一样的，按所充装的灭火剂不同，常见的灭火器可分为泡沫灭火器、干粉灭火器、二氧化碳灭火器。

家庭火灾一般都是小火没有及时救，导致小火变大灾，造成不可挽回的巨大损失。为了避免这种情况发生，家庭应配置灭火器。可选择干粉灭火器，最好厨房和居室至少各配备一个2kg级别的灭火器，防患于未然。

发现火情时，一定要科学正确地选择灭火器。否则，不但不能灭火，还可能产生相反的效果，甚至引发危险。

（1）扑救固体火灾要用泡沫灭火器。其最适合扑救木材、棉、麻、纸张等固体火灾。

（2）处置带电设备的火灾可用干粉灭火器。其还可用于扑救易燃、可燃液体、气体等的火灾，也可用于扑救含有贵重物品、档案资料等的火灾。

1. 取出灭火器

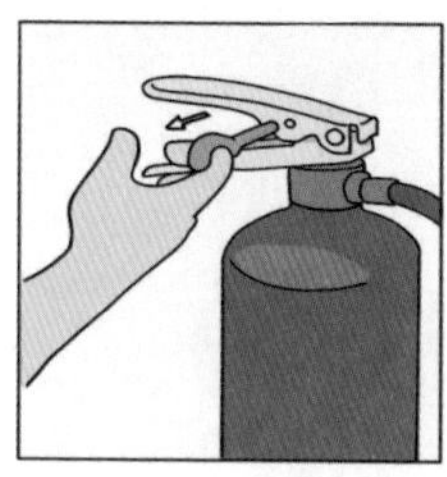

2. 拔掉保险栓

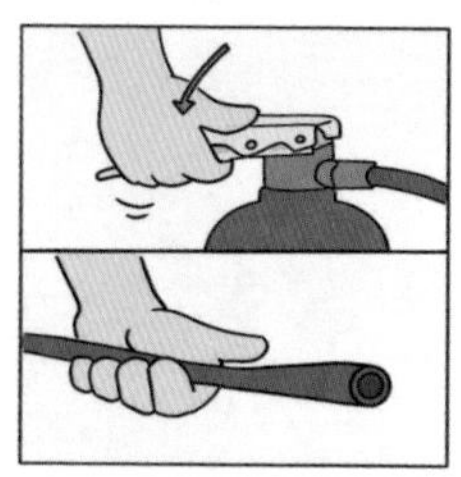

3. 一手握住压把
一手握住喷管

4. 对准火焰根部喷射
（人站在上风位置）

（3）扑救贵重仪器设备、图书资料等的初起火灾可用二氧化碳灭火器。它具有绝缘性好、灭火后不留痕迹的特点。

初发火情怎么办

发现家里着火时，不要惊慌，及时拨打“119”火警电话。应尽量早**报警**，报警越早，损失越小。

初起火最易扑灭，在消防车赶到之前，如果能采取科学的办法全力抢救，常能化险为夷，转危为安。

中学生应该学习一些简易灭火器的使用方法。就算找不到灭火器，身边也有不少“灭火剂”，利用它们，一样能扑灭或控制小火，防止恶性事故的发生。水是最常用的灭火剂。

木头、纸张、棉布等起火，可以直接用水扑灭。有时候，用扫帚、拖把等扑打，也能扑灭小火。

油类、酒精等起火，不可用水去扑救，可用沙土或浸湿的棉被或毛毯等迅速覆盖。

如果锅里的**食用油**因温度过高着火时，不能用水浇；应先关掉气源，然后迅速盖上锅盖。家庭中常备的颗粒盐或细盐，都是扑灭厨房火灾的好东西。

电器起火，一定要先切断电源，再灭火。

在处置家庭火灾时，为了防止毒烟侵害人体，可用湿口罩或用湿毛巾护好口鼻；扑救火灾时，应尽量站在上风方向，避免毒烟侵袭。

家里一定要备放一个或多个灭火器；在厨房的水龙头备用浇灌用的软管，以便地震时紧急灭火。

遇到无法扑救的火灾怎么办

自己无法扑救的火灾发生后，**一定要尽力避免被烟熏倒**，然后寻找机会逃生，或躲到相对安全的地方等待救援。

如果住在楼房，起火后不要轻易开门冲入楼道。首先要摸一下房门的上沿，如果已经发烫，就说明楼道里很可能已充满浓烟，通道已被火封锁。这时就不要开门，而是要关严门窗，以免浓烟冲入居室，造成窒息。

如果房门上沿不热，可试着打开房门观察一下火情，若不太严重，则可用湿毛巾或口罩等蒙住自己的口鼻，轻缓呼吸，低下身子沿着安全出口撤离。**一定不要去乘电梯**。

如果室内已有烟雾，应用湿毛巾堵住口鼻，尽量爬到沿街窗口，或到阳台避险，并趴在地上，因为接近地面处烟气稀薄。但切记，**一定要关好所有门窗**，特别是阳台门，不使空气对流，以减小火势。

如果不能确保自己能安全脱险，**一定要冷静地等待救援**。

最要紧的是，应向救援者发出求救信号，让对方了解情况，如打电话、照手电、敲东西、扔东西都是很有效的手段。

向外界发出求救信息

发生火灾无法逃生需要救援时，必须积极通过各种方式向外界发出求救信息。

（1）打电话。最好先打电话**报警**，然后打电话给父母、邻居或附近的亲戚、老师、同学。

（2）大声呼救。可以对着窗外有人的地方**大声喊叫**，也可以拿出家里的铁锅或盆使劲敲。

（3）挥舞衣物。如果是白天，靠近临街的窗户反复挥舞色彩鲜艳的衣物；向窗外扔出衣服、枕头或其他容易引起注意的小物件。

（4）手电闪光。在**夜晚**，可以向外打手电，反复闪光或舞动起来，以引起人们的注意。

身上着火“四要”“四不要”

要迅速设法脱掉衣帽。如果火势迅猛，可以在没有燃烧物的地方倒在地

上打滚，将身上的火苗压灭。千万**不要**惊慌失措、乱跑乱跳，以免使火烧得更旺，甚至引燃别处。

如果有其他人在场，**要**立即用被子、毯子等把着火者的身体包裹起来，或向着火者身上大量浇水。千万**不要**用灭火器直接向着火者身上喷射，那样做容易引起伤口感染。

如果火场周围有水缸、水池，**要**赶快取水浇灭。着火者**不要**直接跳入水中。因为虽然这样可以尽快灭火，但对后来的烧伤治疗不利。

头发和脸部被烧着时，**要**用浸湿的毛巾或其他浸湿物去拍打；**不要**用手拍打，以免擦伤表皮，不利于治疗。

气体燃料泄漏怎么办

家用气体燃料都属于易燃易爆气体，使用不当都有引起爆炸起火的可能。

当发现家中可能有燃气泄漏时，一定要注意**不能打开任何电器开关，也不要在室内使用电话**，否则非常容易引起火灾和爆炸！

燃气泄漏时，应立即**关闭燃气总阀门或炉具开关，熄灭一切火种**，如蚊香、香烟、蜡烛等。迅速打开门窗通风，让泄漏的燃气散发到室外。然后，可以到室外拨打燃气公司抢修电话。如果一时找不到燃气公司电话号码，紧急情况下，拨 119 报警电话也行。

> 发生火灾以后，中小学生是被救助和保护的重点之一。如果大量的中小学生进入火场救火，反而会增加消防工作的难度。
>
> 发生火灾后，中小学生最好尽快撤离火场，脱离危险。这样其实是为消防部门的灭火提供了方便，也是为灭火工作做了贡献。

如何远离地震崩塌的伤害

地震崩塌是地震震动引起岩体或土体脱离母体、在重力作用下非常快速地下滑、堆积的过程。

崩塌会使建筑物，有时甚至使整个居民点遭到毁坏，使公路和铁路被掩埋。由崩塌带来的损失，有建筑物毁坏的直接损失，更有因交通中断而给运输带来的重大损失。

地震发生时或发生后，崩塌发生前一般会有这样的前兆：崩塌体后部出现裂缝；崩塌体前缘掉块、土体滚落、小崩小塌不断发生；坡面出现新的破裂变形，甚至小面积土石剥落；岩质崩塌体偶尔发出撕裂摩擦错碎声。

一旦发现可能的前兆，应及时和家人一起远离。

特别是在强降雨时或降雨后、强烈地震发生时，或在坡脚施工或附近爆破时，更要特别注意。必要时，应及时撤离。

滑坡即将发生的特征

地震滑坡是指地震震动引起岩体或土体沿一个缓倾面剪切滑移一定距离的现象。2008 年四川汶川 8.0 级地震形成的众多滑坡灾害，造成大量人员伤亡。

在山区，滑坡即将发生时，一般会出现以下特征：

（1）在滑坡前缘坡脚处，有堵塞多年的泉水复活，或出现泉（水）突然干枯，水位突变等异常现象。

（2）在滑坡体中、前部，出现横向及纵向放射状裂缝。

（3）在滑坡体前缘坡脚处，土体出现上隆（凸起）现象。

（4）听到岩石开裂或被剪切挤压的声响；动物对此十分敏感，有异常反应。

（5）滑坡体四周岩体出现小型坍塌和松弛现象。

（6）滑坡体无论是水平位移量还是垂直位移量，都出现加速变化的趋势。

（7）滑坡后缘的裂缝急剧扩展，并从裂缝中冒出热气或冷风。

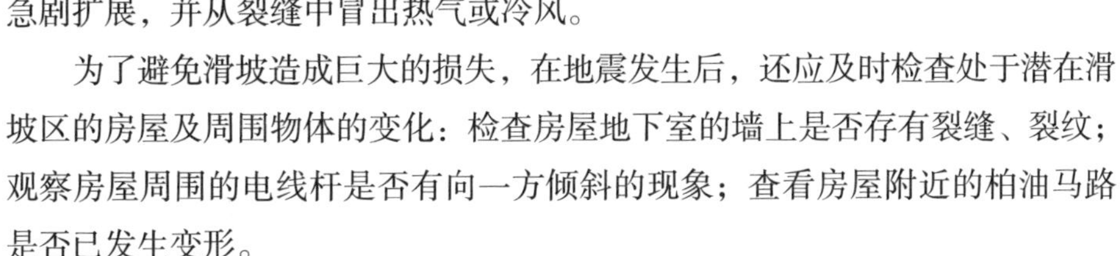

为了避免滑坡造成巨大的损失，在地震发生后，还应及时检查处于潜在滑坡区的房屋及周围物体的变化：检查房屋地下室的墙上是否存有裂缝、裂纹；观察房屋周围的电线杆是否有向一方倾斜的现象；查看房屋附近的柏油马路是否已发生变形。

如果出现上述现象，就要密切观察，认真核实，做到未雨绸缪、有备无患。

地震泥石流的形成条件

泥石流是山区沟谷中，由暴雨、冰雪融水等水源激发的，含有大量的泥沙、石块的特殊洪流。地震泥石流是指地震震动诱发的水、泥、石块混合物顺坡急速向下流动的混杂体。

形成泥石流必须**同时具备三个条件**：

一是，必须要有水源存在，沟谷的中、上游区域有暴雨洪水或冰雪融水，可提供充足的水源。

二是，应有丰富的、松散的固体物质。

三是，要产生流动，流域内沟谷落差较大，蕴藏着丰富的重力势能。

由于地震产生大量崩塌、滑坡，直接为泥石流活动提供丰富的松散固体物质，并且地震造成大量坡体

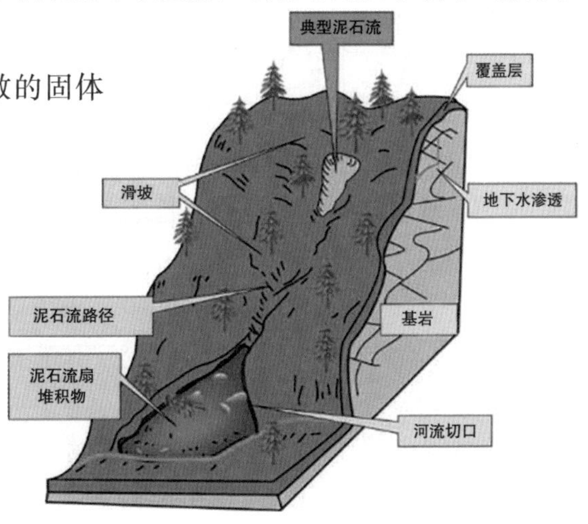

失稳和岩体破坏，使这些泥石流沟可能会在震后较长一段时间内处于活跃期，泥石流爆发规模和频率将显著增加。因此，必须提高警惕，严加防范。

如何防范泥石流

防范泥石流，应主要注意以下几点：

（1）要营造一定规模的防护林，提高小流域植被覆盖率，努力改善生态环境。

（2）房屋尽量不要建在沟口、沟道上。已经占据沟道的房屋，应迁移到安全地带。

（3）不能把冲沟当作垃圾堆放场。在雨季到来之前，最好能主动清除沟道中的障碍物，保证沟道有良好的泄洪能力。

（4）采取工程、生物、预警、行政等措施对泥石流进行抑制、疏导、局部避让等综合措施。

泥石流多发区居民，应注意自己的生活环境，熟悉逃生路线。应注意政府部门的预警和泥石流的发生前兆，在灾害发生前互相通知、及时准备。

尤其是震后的雨季，不要在沟谷中长时间停留；一旦听到上游传来异常声响，应迅速向两岸上坡方向逃离。

为什么地震后要注意提防水灾

在地震的次生灾害中，水灾的威胁也是很大的。地震时发生的水灾主要有以下几个种类：

（1）伴随地震发生的威胁最大水灾，是发生在沿海地区的地震海啸。

（2）地震作用使河岸或河堤下沉、倾倒、决口等引起的水灾。

（3）地震时，河湖地区地基液化使河流工程设施发生滑陷或隆起、河湖堤岸裂缝、水坝开裂、水溢出而造成的水灾。

（4）发生在梅雨季节的地震，引起河流水量猛涨、堤防破坏或决口等造成的水灾。

我国历史上最大的地震水灾是于1933年8月25日发生在四川迭溪（原属茂县）的7.5级地震所造成的水灾。由于地震后形成的“堰塞湖”决堤，仅灌县就有9000多亩良田被冲毁，死亡1600多人。所造成的人畜伤亡和财产损失远比地震直接造成的损失大。

震后应对水灾的主要对策包括：

（1）紧急巡查，加强监视，及时排除险情。

（2）紧急抢修水利设施，对危险性较大的建筑应加固。

（3）人工疏流或爆炸决堤排水，清除危险。对地震时被堵断的河流，在短期内有造成水灾而又来不及人工疏流和排水的堵坝，可用爆炸决堤的办法排掉蓄水。

（4）紧急搬迁躲避。对于即将发生或已发生的地震水灾，下游居民应立即搬迁撤离。

被洪水围困了怎么办

震后可能出现洪水险情时，应听从政府安排**迅速转移**。

如果被洪水围困，**千万不要试图游泳逃生**。不要以为你善于游泳，就能驾驭洪水。洪水来势凶猛，即使你体力再好，也有可能被洪水冲走，所以一定不要轻举妄动。

如果不慎被卷入洪水中，**一定要尽可能抓住固定的或能漂浮的东西**，寻找机会逃生。比如大块的泡沫塑料、有盖的空饮料瓶、木酒桶或塑料桶，都有一定的漂浮力，可以捆扎在一起应急。充气的足球、篮球、排球都有很好的浮力，落水逃生时，可以抱住。木床、门板、树木、桌椅板凳、箱柜等木质家具，也可以用作水中逃生的工具。

如果已被洪水包围，要设法尽快与当地政府防汛部门取得联系，报告自己的方位和险情，积极寻求救援。

如何应对地震海啸

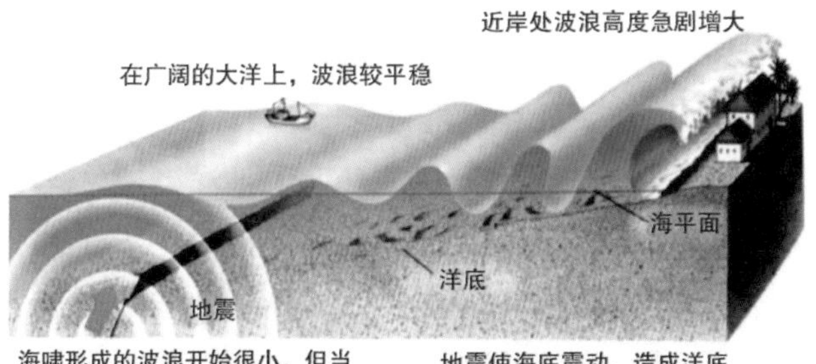

海啸就是由海底地震、火山爆发、海底滑坡等引发的破坏性海浪。全球有记载的破坏性海啸有260次左右，平均六七年发生一次。

全球的海啸发生地

区主要为环太平洋和环印度洋沿海岸带，其中发生在环太平洋地区的地震海啸就占了约 80%，发生在日本列岛及附近海域的海啸又占太平洋海啸的 60% 左右。日本是全球发生海啸最多和受灾最严重的国家。

海啸是一种破坏力极强的自然灾害，沿海或大水域周边地区需引起人们注意，我们应掌握相关的知识，去积极预防和有效应对。

地震引发的海啸登陆之前，会有一些非常明显的宏观前兆现象：

（1）海水异常暴退或暴涨。

（2）出现明亮的水墙。

（3）海中船只和动物出现异常反应。

（4）从海上传来异常可怕的巨大咆哮声。

地震海啸发生的最早信号是地面强烈震动，地震波与海啸的到达有一个时间差，正好有利于人们预防。如果你感觉到较强的震动，不要靠近海边、江河的入海口。如果听到有关附近地震的报告，则应及时通过手机、网络、电视等渠道关注相关信息，并做好防海啸的准备。一定不要忽视的是，海啸有时会在地震发生几小时后到达离震源上千千米远的地方并造成灾害。

预先知道海啸即将发生时，**一定要采取积极得体的应急措施**。

当得知海啸来临时，**一定要尽快跑到高地上**。

如果你发现潮汐突然反常涨落，海平面显著下降或者有巨浪袭来，都应以最快的速度撤离岸边，逃到尽可能远离海水、尽可能高的地方。

如果你被海啸的海浪困住了，不要在水流中挣扎，不然你可能会溺水身亡的。海浪中还会有物品的残骸，比如汽车、树木。试着抓住这些漂浮在水面上的残骸，或者连在地面上的固体，这样能增加逃生的机会。

我国没有遭受过海啸灾害

我国有上万千米的海岸线，但几乎没有遭受过海啸灾害。这主要是因为有环西太平洋第二岛链（自日本列岛经小笠原群岛、马里亚纳群岛到马鲁古群岛）和第一岛链（自日本列岛经琉球群岛、台湾岛到菲律宾群岛）的层层阻隔，吸收掉海水中能量传播的动能，使海水中的能量传播减速难以继续传播。

如果在南海（靠近菲律宾群岛一侧）深海海域或环西太平洋第一岛链与第二岛链之间的深海海域发生能造成海底大幅垂直错动的大地震，就可能在我国的东南部沿海海岸或台湾东海岸引发海啸。

三、学会自救互救

儿歌：被困废墟我不怕

如果不幸被压埋，先把手脚挣脱开。
塌落重物很危险，砖块、木头撑空间。
家具、门窗有空间，爬过蹭过都可选。
朝着光亮和空气，方向选对更省力。
听到有人再呼救，敲击管道最聪明。
防止烟尘呛室息，毛巾、衣袖蒙口鼻。
环境安全有体能，自己设法离险境。
脱掉上衣解皮带，减少障碍逃生快。
无力脱险就躺平，保持体力少活动。
被困废墟我不怕，科学应对有办法。

被困在倒塌的房屋中怎么办

万一地震后被困在倒塌的房屋中，即使身体没受伤，也有被烟尘呛闷窒息的危险。因此，这时应注意用毛巾、衣服等捂住口鼻。如果被压埋，应想法把手和脚挣脱开来，努力清除压在身上的各类物体。用砖块、木头等支撑住可能塌落的重物，尽量扩大“安全生存空间”，保持足够的空气呼吸。

若环境和体力许可，应尽量想法**逃离险境**。如果床、窗户、椅子等旁边还有空间，则可以从下面爬过去，或者仰面蹭过去。倒退时，要把上衣脱掉，把带有皮带扣的皮带解下来，以免中途被阻碍物挂住，最好朝着有光线和空气的地方移动。

这时候，一扇打开的门或者窗（即使只打开一个缝隙），就是一个逃生的机会。

无力脱险时，应尽量减少活动，可以静卧，**减少体力的消耗**。坚持的时间越长，得救的可能性越大。

可以向周围的人求救，但是不能不顾一切。只有听到外面有人时再使用吹应急口哨，呼喊，或**敲击管道**、墙壁等一切能使外界听到的方法，这样才能收到良好的效果。

震后互救非常重要

破坏性地震发生后，外界救援队伍不可能立即赶到救灾现场，在这种情况下，为使更多被埋压在废墟下的人员获得宝贵的生存机会，灾区群众积极投入互救是**减轻人员伤亡最及时、最有效的办法**，也体现了“救人于危难之中”的崇高美德。

唐山大地震中有几十万人被埋压在废墟中，灾区群众通过自救、互救使大部分被埋压人员脱险。由灾区群众参与的互救行动，在整个抗震救灾中起到了不可替代的作用。

互救最重要的原则是确保安全

互救的目的是减少人员伤亡。任何人应先保存自己，再展开救助。

在施救的过程中，要始终特别注意被埋压人员的安全。

先救易，后救难；先救近，后救远。

利用绳索自救和互救

在多层建筑物倒塌或着火后，滞留或被围困在建筑物上部的人，可利用绳索下溜，逃生脱困。

被困人员可利用绳索对难以拆除的悬挂物进行固定，避免因余震或废墟垮塌等因素摇晃而伤人。

在多层建筑物倒塌后，滞留在建筑物废墟上部或被困在废墟下部的人员无法脱困时，可利用绳索运送食品、饮用水、药品、衣物等。

此外，绳索还可用于捆扎简易担架、建造临时帐篷等。

利用棍子自救和互救

被压埋人员可利用棍子来进行挖掘，代替徒手作业，既能保护自身，又能提高效率。

即使不能打通求生通道，打通一个孔，便能呼吸到新鲜空气，也能方便加强与外界的联系。

被压埋人员可利用棍子作支撑工具，固定易坍塌的部位，既可防止再次被掩埋，又可防止坍塌物对人体造成新的伤害。

被压埋人员可利用棍子敲击管道、墙壁等，发出使外界能听到的声音，以获得救援。

此外，用两根长度在 1.8 米左右的棍子，套上衣、裤或其他布类、塑料布类制品，就可制成一副应急简易担架。

利用灭火器自救互救

灭火器除了灭火的功能外，也可在地震时用于自救互救。

灭火器是压力容器，其外壳十分坚固，在缺乏支撑器材的情况下，可巧用灭火器代替。

被压埋人员在其他呼救方法失效的情况下，待外界有人活动时，可用灭火器敲击管道，或将灭火器倒置，对准与外界相通的空隙，喷出粉尘或泡沫，以引起救援人员的注意。

此外，自救互救活动中，在缺乏救援工具的情况下，可利用灭火器外壳坚固的特性，作破墙的工具，也可作平整地面的工具。

互救最关键是时间要快

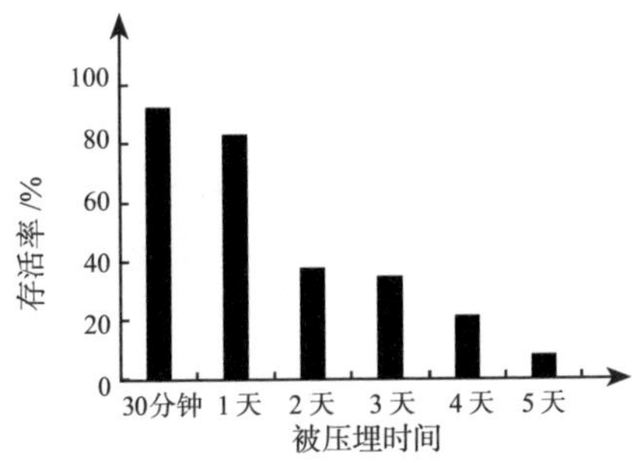

许多地震救援现场的经验说明，救出来的时间越早，被救幸存者存活的可能性越大。根据几次地震救援记录，得到如右图所示的幸存者存活率随时间衰减的关系。

从图中可以看出，地震发生的第一天被救出的幸存者 80% 以上可能活下来；如果在震后半小时内获救，存活率可超过 90%；第二、三天救出来，还有 30% 以上的存活可能性；第四天被救后的存活率已不到 20%；第五天，只有百分之几的存活率。越往后，存活率越低。一周后，被救出来，经抢救，也有奇迹般活下来的，但这是极个别现象。

尽量避免被埋压人员受到二次伤害

营救过程中，应特别注意被埋压人员的安全：

（1）使用的工具（如铁棒、锄头、棍棒等）**不要**伤及被埋压人员。

（2）**不要**破坏被埋压人员所处空间周围的支撑条件，引起新的垮塌，使被埋压人员再次遇险。

（3）应尽快与被埋压人员的封闭空间沟通，使新鲜空气流入，挖扒中如尘土太大，应喷水降尘，以免被埋压者窒息。

一定不能盲目施救！

在进行营救行动之前，应有计划、有步骤，哪里该挖，哪里不该挖，哪里该用锄头，哪里该用棍棒，都要有所考虑。一定不能盲目施救！

过去曾发生过救援人员盲目行动，踩塌被埋压者头上的房盖，砸死被埋人员的惨剧，因此在营救过程中要有科学的分析和行动，才能收到好的营救效果。盲目行动，往往会给营救对象造成新的伤害。

（4）使伤者先**暴露头部**，清除其口、鼻内的异物，保持呼吸畅通。如伤者发生窒息，应立即进行人工呼吸。

（5）被压者不能立即爬出时，**不要一味拉拽**，以防造成进一步受伤；对于骨折出血者，应首先止血；对于脊椎损伤者，搬动时应用门板或硬担架。

（6）对埋压时间较长的人员，被救出后要用深色布料蒙上眼睛，**避免**强光刺激。

（7）若被埋压者受困时间较长，一时又难以救出，可设法向其输送饮用水、食品和药品，以**维持**其生命。

（8）当发现一时无法救出的幸存者时，应立即标记，并求助专业救援队伍。

防震棚安全注意事项

震后的居住问题是一件大事。房舍被震坏，需要有安身之处；余震不断发生，应有一个躲藏处。这就需要临时搭建防震、防火、防寒、防雨的防震棚。各种帐篷都可以利用。

在搭建帐篷或防震棚时，棚与棚间要保持一定的距离，留出一定的消防通道；棚内电线要由专业电工统一安装；最好每家每户都配备灭火器；至少每户都应准备防火沙箱和水桶等简易灭火设施。

风大的时候，帐篷上不能用重物压，可以用绳索固定在地面稳固的物体上。

震后进行房屋安全隐患检查

如果一个建筑物被地震摧毁或者已经被震坏，当你必须进入时，应极其小心——它们可能毫无预兆地坍塌下来。此种情况下，还可能遭遇煤气泄漏或者电路短路风险。**在专业人员确定该建筑无危险之前，最好不要进入住宅。**

应穿上厚底的鞋，以避免被玻璃或者其他碎片扎伤。尽可能扑灭燃烧的火苗。如果火势已无法控制，应迅速离开家中，尽可能通知消防队，并提醒邻居。

仅能使用干电池供电的手电筒检查房屋，进屋前就要打开电筒。因为屋内有泄漏的煤气，打开电筒时产生的火花可能会引起危险。

检查建筑是否有裂缝和损坏，尤其是烟囱与砖墙周围。如果建筑看起来有可能坍塌，应迅速撤离。

震后进行水电气安全隐患检查

检查燃气管道、电线和水管，检查电器的受损情况。如果闻到煤气味儿，或看到管道破裂，应关掉煤气管道的主阀门。**一定要记住：在燃气闸关闭后，必须由专业人员重新打开。**注意：如果怀疑有煤气泄漏，就不要使用电器设备，因为产生的火花会点燃泄漏的燃气。

应切断电源，切莫触摸掉落的电线或受损的电器设备。如果情况不安全，要离开房屋，寻求帮助。最好请专业人员对家里的电线和电路进行全面检查。在供电部门专业人员来你家做安全检查之前，**不要再合上电闸。**

使用厕所前，应检查进水管与下水管道，确保它们完好无损。塞好浴缸与水槽的排水口，以免污水倒灌。

地震后应预防哪些疾病

震后生态环境和生活条件受到极大破坏，卫生基础设施损坏严重。供水设施遭到破坏，饮用水源受到污染，是导致传染病发生的潜在因素。

以下是**地震后可能引发的病症：**

（1）肠道传染病，如霍乱、甲肝、伤寒、痢疾、感染性腹泻、肠炎等。

（2）虫媒传染病，如乙脑、黑热病、疟疾等。

（3）人畜共患病和自然疫源性疾病，如鼠疫、流行性出血热、炭疽、狂犬病等。

（4）经皮肤破损引起的传染病，如破伤风、钩端螺旋体病等。

（5）常见传染病，如流脑、麻疹、流感等呼吸道传染病等。其次是食源性疾病。

（6）震后房屋倒塌，使食品、粮食受潮霉变、腐败变质，存在发生食物中毒的潜在危险。

（7）由于水源和供水设施被破坏和污染，存在饮水安全隐患问题。

地震后如何预防传染病

（1）注意饮水和饮食的卫生。用净水片或漂白粉消毒生活饮用水；不吃受潮霉变或腐败变质的食品，不喝生水，饭前便后洗手，不吃死亡的禽畜，不用脏水冲洗蔬菜水果。

（2）应采取灭蚊，防蚊措施。做好个人防护，避免被蚊虫叮咬，夜间露宿或夜间野外劳动时，暴露的皮肤最好涂抹防蚊油，或者使用驱蚊药。

（3）破损的伤口不要与土壤直接接触。如果条件允许，对各种原因引起皮肤外伤人员，应及时注射破伤风疫苗，对伤口进行清创缝合，给予有效的抗炎对症治疗，病情严重者应立即送往医院救治。

震后保持个人卫生

应特别注意脚、腋窝、裆部、手和头发，因为这些地方是传染和感染的主要部位。手上的细菌可能污染食物，感染伤口。在接触了任何可能携带细菌的物体、上完厕所之后、照顾患者之后，接触任何食物、食物器具前，或者喝水前，一定要记住洗净双手。

保持指甲整洁，不要把手指放入嘴里。

如果水资源很紧张，那就洗“空气浴”。根据实际情况，尽可能多地脱掉衣服，让身体暴露于阳光和空气中至少 1 小时。

四、认识地震灾害风险

地震是一种经常发生的自然现象

地震就是地球表层的快速振动，在古代又称为地动。它就像刮风、下雨、闪电、山崩、火山爆发一样，是地球上经常发生的一种自然现象。它发源于地下某一点，该点称为震源。振动从震源传出，在地球中传播。地面上离震源最近的地方称为震中，它是接受振动最早的部位。

大地振动是地震最直观、最普遍的表现。地震的发生是极其频繁的，全球每年发生地震约 500 万次，其中只有 10 多次能造成破坏，至于特别强烈的地震，平均每年也就一两次。因此，并不是一有地震发生，就会造成灾害，**大可不必谈“震”色变**。下图中展示了近百年来人类最关注的十次地震。

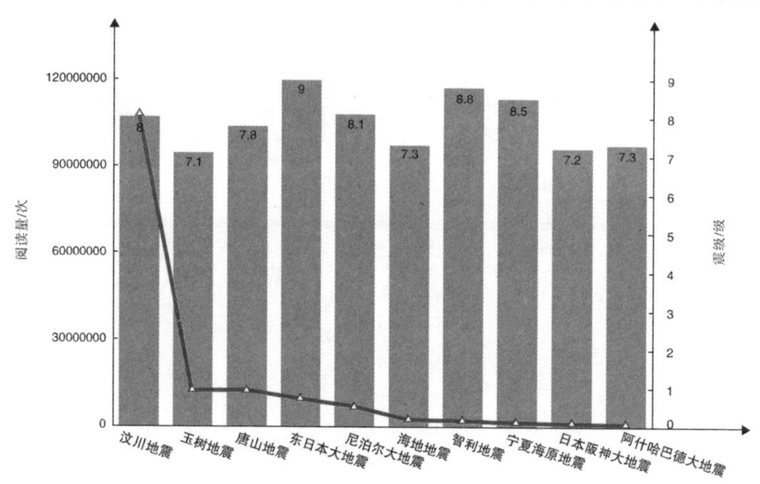

地震释放的能量用震级表示

地震本身的大小，用震级表示，根据地震时释放的弹性波能量大小来确定震级。

通常把小于 2.5 级的地震叫小地震，2.5 ~ 4.7 级地震叫有感地震，大于 4.7 级地震称为破坏性地震。

震级每相差 1 级，地震释放的能量相差约 31.6 倍。也就是说，一个 7 级地震相当于 30 个 6 级地震，或相当于 1000 个 5 级地震，震级相差 0.1 级，释放的能量平均相差约 1.4 倍。

主震、前震和余震

当某地发生一个较大的地震时，在一段时间内，往往会发生一系列的地震，其中最大的一个地震叫作主震，主震之前发生的地震叫前震，主震之后发生的地震叫余震。

震源深度和震中距对地面破坏程度的影响

从震中到震源的距离叫**震源深度**。震源深度小于 60 千米的地震为**浅源地震**，60~300 千米的地震为**中源地震**，超过 300 千米的地震为**深源地震**。

按震源深度的地震分类

地震类别	震源深度	所占比例 /%	破坏力
浅源地震	60 千米以下	72.5	造成的灾害严重
中源地震	60 ~ 300 千米	23.5	一般不造成灾害
深源地震	300 千米以上	4	不造成灾害

震源深度最深的地震是 1963 年发生在印度尼西亚伊里安查亚省北部海域的 5.8 级地震，震源深度 786 千米。

对于同样大小的地震，由于震源深度不一样，对地面造成的破坏程度也不一样。震源越浅，破坏越大，但波及范围相对较小。

某地与震中的距离叫**震中距**。震中距小于 100 千米的地震称为**地方震**；震中距为 100 ~ 1000 千米的地震称为**近震**；震中距大于 1000 千米的地震称为**远震**。其中，震中距越远的地方受到的影响和破坏越小。

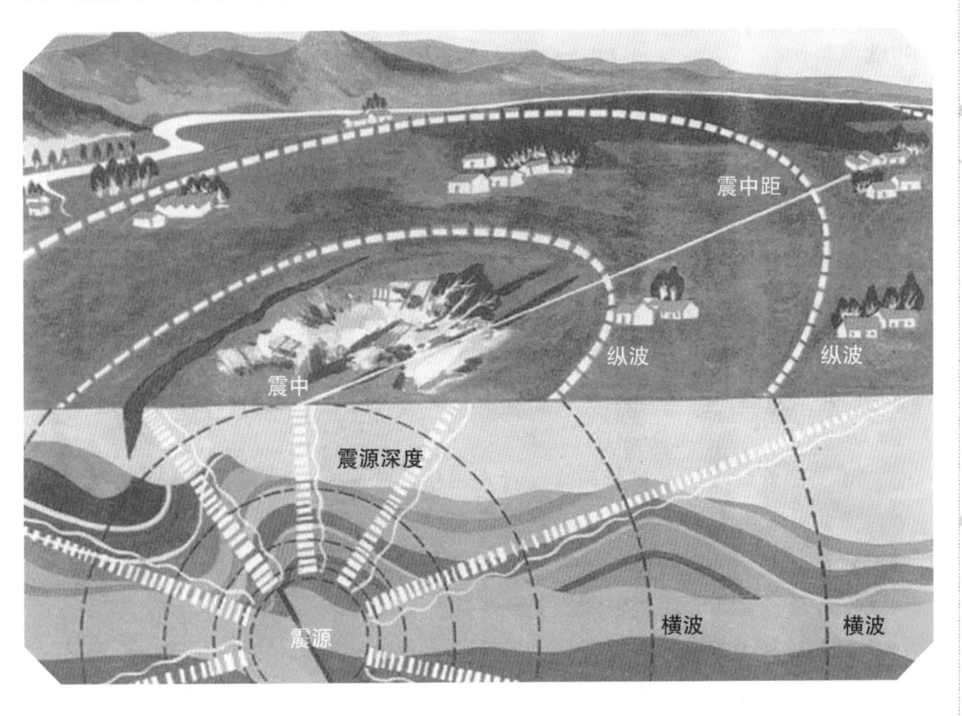

地震所引起的地面振动和烈度

地震所引起的地面振动是一种复杂的运动，它是纵波和横波共同作用的结果。在震中区，纵波使地面上下颠动，横波使地面水平晃动。纵波传播速度较快，衰减也较快；横波传播速度较慢，衰减也较慢。因此，离震中较远的地方，往往感觉不到上下跳动，但能感觉到水平晃动。

人们发现，同样震级的地震，造成的破坏不一定相同；同一次地震，在不同的地方造成的破坏也不一样。为了衡量地震的破坏程度，科学家又提出了**地震烈度**的概念。

烈度是地面遭受地震影响和破坏的程度。离震中近的地方破坏大，烈度高；距离远的地方破坏小，烈度低。例如，1976 年唐山大地震，震级为 7.8 级，震中烈度为Ⅺ度；受唐山大地震影响，天津市地震烈度为Ⅷ度，北京市烈度为Ⅵ度，再远到石家庄、太原等，就只有Ⅳ～Ⅴ度了。

Ⅰ度：仪器能记录到，人没有感觉。

Ⅱ度：绝大部分人几乎无感，室内个别静止中的人有感觉，个别较高楼层中的人有感觉。

Ⅲ度：室内少数静止中的人有感觉，较高楼层中的人有明显感觉。悬挂物轻微摇摆。

Ⅳ度：室内多数人、室外少数人有感觉，少数人梦中惊醒。悬挂物明显摆动，器皿作响。

Ⅴ度：室内绝大多数、室外多数人有感觉，多数人梦中惊醒，少数人惊逃户外。悬挂物大幅度晃动，门窗、屋顶、屋架颤动作响。

Ⅵ度：多数人站立不稳，多数人惊逃户外。轻家具和物品移动或翻倒。出现喷砂冒水现象。

Ⅶ度：大多数人惊逃户外，骑自行车和行驶中的汽车驾乘人员有感觉。物体从架上掉落或翻倒。常见喷砂冒水现象，松软土地上地裂缝较多。少数建筑轻微破坏。

Ⅷ度：多数人感觉摇晃颠簸，行走困难。除重家具外，室内物品普遍倾倒。少量出现地裂缝，喷砂冒水现象严重。多数建筑中等破坏。

Ⅸ度：行走的人摔倒。室内物品普遍倾倒。多处出现地裂缝，可见基岩裂缝、错动，常见滑坡、塌方。多数建筑严重破坏。

Ⅹ度：骑自行车的人会摔倒，人会摔离原地、有抛起感。出现山崩和地表断裂现象。大多数建筑毁坏。

Ⅺ度：地表断裂延续很长，大量山崩、滑坡。绝大多数建筑毁坏。

Ⅻ度：地面剧烈变化，山河改观。绝大多数建筑毁灭。

世界各国使用的烈度表不太一致。我国使用的“中国地震烈度表”，将地震烈度划分为 12 个等级：Ⅰ～Ⅴ度，以地面上人的感觉和悬挂物、器皿等不稳定物的表现为主；Ⅵ～Ⅹ度，以房屋震害和地表破坏为主；Ⅺ～Ⅻ度，以地表震害现象为主。

板块运动和大陆漂移

你知道煮熟的鸡蛋掉到地上会怎么样吗？如果你有这样的经历，你就会发现鸡蛋壳裂成了许多不规则的碎片。像鸡蛋壳一样，地球的岩石圈也不是完整的，而是碎裂成了一些边缘极不规则的大陆块。

科学家将地球表面划分为**六大板块**：太平洋板块、亚欧板块、非洲板块、美洲板块、印度洋板块（包括大洋洲）和南极洲板块。其中除太平洋板块几乎全为海洋外，其余五个板块既包括大陆又包括海洋。

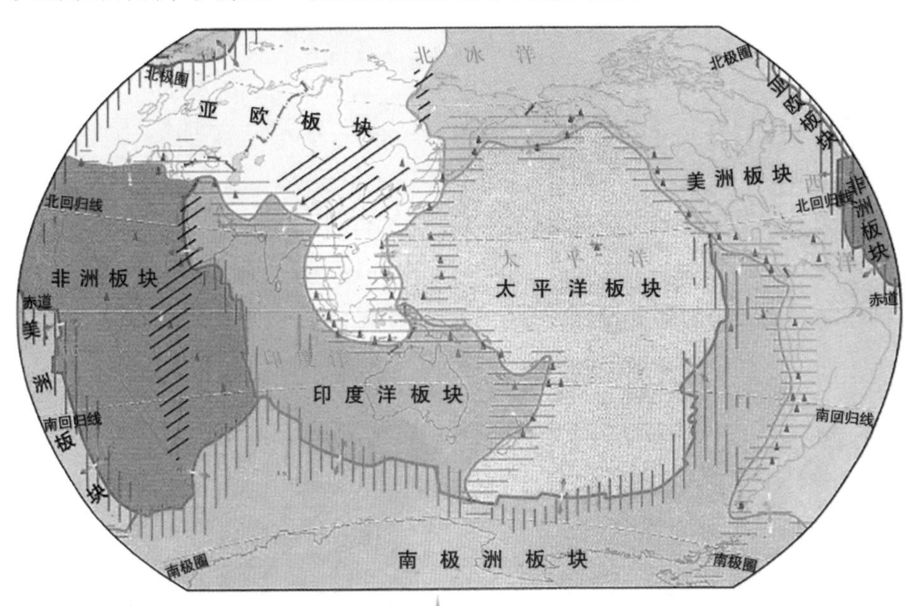

消亡边界（海沟、造山带） 生长边界（海岭、断层） ▲活火山

地球表面的板块，就像冰山在海洋中一样漂浮在玄武岩质基底上，进行着非常缓慢的移动。大部分陆地或者全部大陆都在板块之上，所以当板块运动的时候，各个大陆之间就表现出了相对运动状况，这被学者称为**大陆漂移**。

在板块运动的过程中，板块与板块交界的地带，有的张裂拉伸，有的碰撞挤压，有的相互错动，容易发生火山与地震。

地震是怎样发生的

由地下深处岩层错动、破裂所造成的地震称为**构造地震**。这类地震发生的次数最多，破坏力也最大，约占全世界地震的 90% 以上。

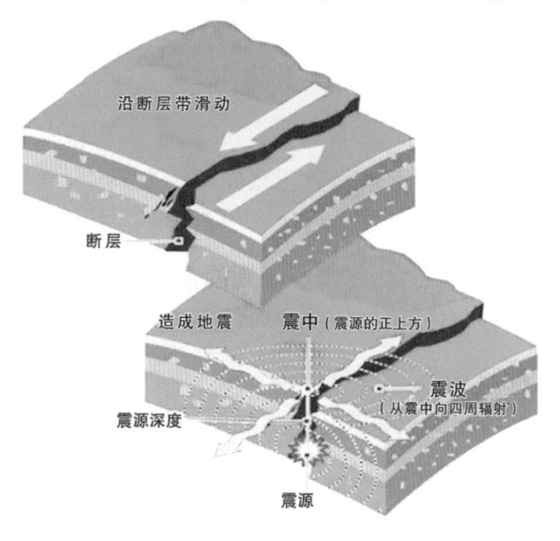

地球的结构就像鸡蛋，可分为三层。中心层是“蛋黄”——地核；中间是“蛋清”——地幔；外层是“蛋壳”——地壳。

地震一般发生在地壳和上地幔顶部，即岩石圈之中。

地球在不停地自转和公转，同时地壳内部也在不停地变化。由此而产生力的作用，使地下岩层变形、断裂、错动，于是构造地震便发生了。

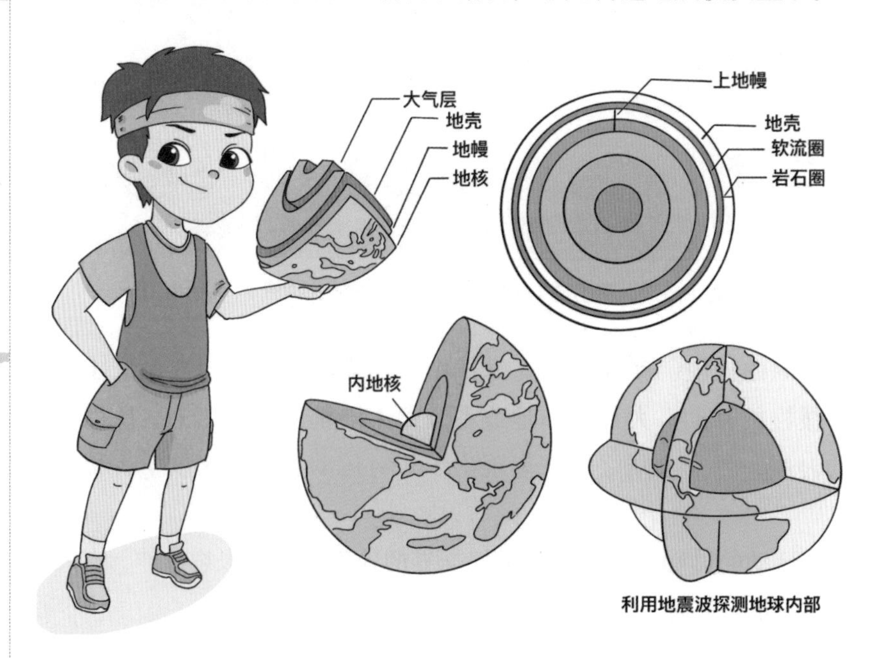

利用地震波探测地球内部

弹性回跳说

1911 年美国科学家理德提出，地球内部不断积累的应变能超过岩石强度时产生断层，断层形成后，岩石弹性回跳，恢复原来状态，并把积累的能量通过地震波突然释放出来，这就是所谓的“弹性回跳说”，也是当今对地震成因的主流解释。

“弹性回跳说”是目前应用最广的关于地震成因的假说，它能较好地解释绝大多数地震的成因，但对于深达几百千米的地震无法解释。

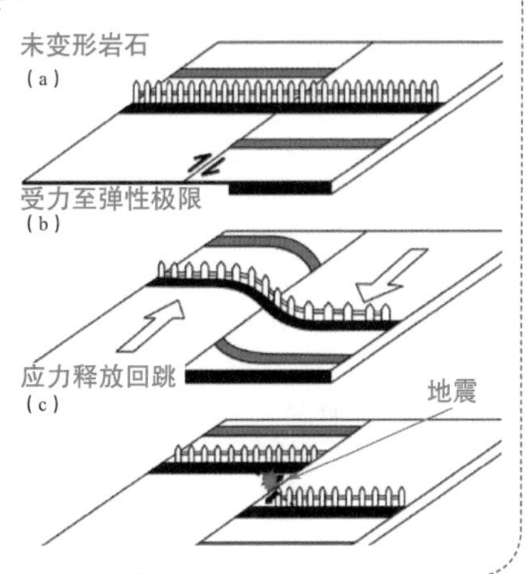

我国是世界上地震风险最高的国家

我国大陆受太平洋板块俯冲和印度洋板块挤压作用的影响，内陆型强烈地震频繁发生，造成了重大的灾害损失。我国陆地面积约占全世界的 1/14，而大陆破坏性地震却占了全世界的 1/3。据我国 20 世纪 100 年的历史地震资料统计，平均每 5 年发生 1 次 7.5 级以上地震，每 10 年发生 1 次 8 级以上地震。历史上，我国各省、自治区和直辖市都发生过 5 级以上的破坏性地震，全部国土都遭受强震威胁。自 1920 年以来，我国死于地震灾害的人口超过 62 万。这些数据表明，我国是世界上地震风险最高的国家。

我国东西部地区地震活动存在较大差异

我国强震分布广，破坏性地震遍布各省区市，不少地方曾发生过 8 级或 8 级以上特大地震，对当地人民生命财产造成过巨大灾难。

以东经 105° 线为界，我国西部地区地震活动强、频度高，7 级以上地震活动频繁；而东部地区，强震主要分布在华北和东南沿海，地震强但频度低。这也符合有史以来所记录到的地震分布规律。我国地震主要集中在四个地区，包括东南部的台湾和福建沿海，华北的内蒙古、山西、河北和京津唐地区、山东，西南的青藏高原和它边缘的四川、云南，西北的新疆、甘肃、青海和宁夏、陕西。

你的家乡，是位于西部地区还是东部地区呢？

中国的哪些地方容易发生地震

通过对地震的观测记录，如果把全球地震都标在一张地图上，则可以发现大部分地震分布在几个呈带状的区域中，这些地震集中分布的区域被称作**地震带**。

从世界范围看，地震活动带和火山活动带大体一致，主要有**三大地震带**：环太平洋地震带、欧亚地震带和海岭地震带。

研究发现，我国的地震活动主要分布在五个地区：

①台湾地区及其附近海域；

②西南地区，主要是西藏、四川西部和云南中西部；

③西北地区，主要在甘肃河西走廊、青海、宁夏、陕西、天山南北麓；

④华北地区，主要在太行山两侧、汾渭河谷、阴山—燕山一带、山东中部和渤海湾；

⑤东南沿海的广东、福建等地。

过去没有发生过强震的地方就安全吗

震级等于或大于 6 级的地震称为**强烈地震**，简称**强震**。一般地说，强震多发生在地震带或地震区内。然而，个别强震却一反常态，不发生在已知的地震带或区内，而发生在一向人们认为不会发生地震的地壳比较“稳定”的地区。如 1962 年 9 月 1 日伊朗布因沙拉 7.2 级地震，就发生在曾被认为“稳定”“无地震”的地区。

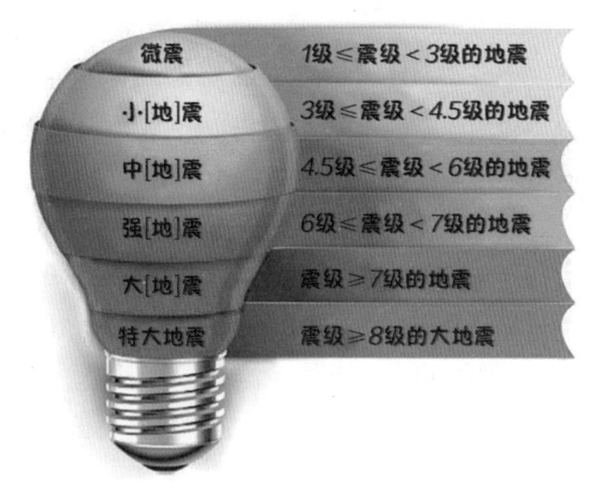

某些被人们认为不会发生强震的地区发生了强烈地震，可能是人们对该地区地震地质构造认识不清或地区性的地质构造有了特殊的发展变化而造成的。

因此，必须注意，过去没有发生地震，并不表示以后就绝对不会发生地震。即使你的家乡处于不属于已知地震带的地区，也有可能发生强烈地震。所以，每一个人都应该提高警觉，提高防震减灾意识，平常生活中就要防患于未然，全面做好防震避震准备。

什么是地震灾害

地震灾害，是指由地震引发的可能造成人员伤亡和财产损失的一系列灾害现象，包括原生灾害和次生灾害。

地震原生灾害，是指由地震的原生现象即地震波引起的强烈地面振动所造成的地表、建筑物以及基础设施等的破坏，也称直接灾害。

强烈地震发生后，自然以及社会原有的状态被破坏，造成的山体滑坡、泥石流、海啸、水灾、瘟疫、火灾、爆炸、毒气泄漏、放射性物质扩散等一系列灾害，统称为**地震次生灾害**。其中火灾是地震次生灾害中最常见、最严重的。

地震本身的特点决定了地震次生灾害的多样性。同时，因为地震是瞬间发生的，而受灾面积又很广。因此，不同种类的次生灾害可能同时发生；不同种类或同一种类的灾害也有可能在震后一段时间内相继发生。各种地震次生灾害又相互关联，互相诱发。因此，**在各类自然灾害中，地震次生灾害是最为严重的。**

中国地震灾害特别严重的原因

造成我国地震灾害特别严重的原因主要有以下几个方面：

（1）地震既多又强，而且绝大多数是发生在大陆地区的浅源地震。

（2）我国许多人口稠密地区，都处于地震的多发地区；我国城乡人口集中，房屋密集，地震时伤亡惨重。

（3）我国城乡大量老旧房屋抗震设防标准偏低，房屋抗震能力普遍不足，小震大灾、中震巨灾的现象在我国频频发生。

（4）民众对地震灾害的防范意识淡薄、防灾知识缺乏。

我国的抗震防灾体系和日、美等发达国家相比，还有相当大的差距，如果发生同等强度的地震，可能造成的伤亡和损失会严重很多。

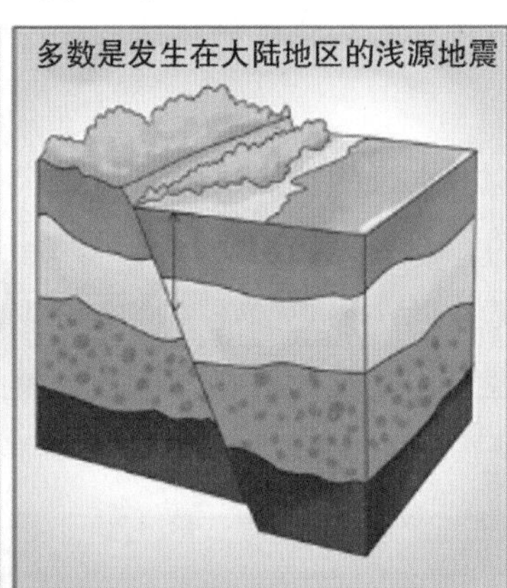

地震对建筑物的影响和破坏

地震对建筑物的影响与地震本身的大小，以及位移、速度、加速度等都有关。此外还与建筑本身、类型、结构、基础和地基条件有关。例如，在疏

松土质上与在坚固岩石上的建筑物，受地震的影响显然不同；在平地或是山坡，建筑物的稳定性也是有差别的。

地震还会引起砂土的液化，使得房屋或建筑物的地基失效。

建筑物的**破坏机制**可归纳为以下三种形式：

（1）结构受损，建筑物主要部件的接合处受到损坏。

（2）墙壁受损发生裂缝或开裂，甚至倾倒崩颓。

（3）基础受损，发生相对错移或不均匀沉降，严重时会引起建筑物部分或全部坍塌。

建筑物在地震时按破坏程度可分为五个**破坏等级**：基本完好、轻微破坏、中等破坏、严重破坏、毁坏。

据我国多次震害调查表明，地震造成的死亡人员近 60% 为村镇人口，而且 85% ~ 97% 的直接经济损失来自房屋破坏。因此。**千万不能忽视农居的震害。**

探索地震的振动强度和破坏的关系

【需要准备的器材】

容易移动的桌子，一个部分装有沙子或土的浅盒子，多种用于搭建“建筑物”的材料（包括纸杯、浆糊、橡皮泥等）。

【实验步骤】

两个学生组成一组，一起完成实验。

先设计一些不同高度、经得起振动的“建筑物”。在装有沙子或土的浅盒子中，用准备好的材料搭建出“建筑物”，然后摇动桌子做实验。

开始时振动小一些，“建筑物”只是晃动，不会发生其他现象。

稍微加大力量持续震动，“建筑物”剧烈晃动，出现倾斜。

继续加大力量持续较强震动，“建筑物”倾斜的角度越来越大，最终逐渐倒塌解体。

【讨论】

结合每一次振动时所观察到的现象，记下桌子振动对“建筑物”的影响结果，包括“建筑物”倒塌的原因。

【提示】

桌子振动的原因是学生摇动；学生摇动桌子，给桌子增加了能量。随着晃动力量的加大，能量增加，模拟建筑物受到的影响就越来越严重，由最初的晃动、倾斜，最后变成倒塌破坏。

桌子振动模拟的是地震，不同力度的晃动模拟的是地震的不同强度。这个实验说明：地震强度越大，对地表建筑物的破坏越严重。

五、日常防震应对准备

学习和掌握防震减灾知识

中小学生应该积极主动参与防震减灾知识的学习和各类相关培训活动、科技活动、演练活动，掌握防震减灾基础科学知识、地震自救和紧急避险技能，并把自己掌握的知识和技能主动向家长、亲属、同学和朋友宣传，为全社会营造良好的防灾减灾氛围做出自己的贡献。

平时，应学习和掌握应急避险、自救互救等防震减灾知识；学会并掌握基本的医疗救护技能，如心肺复苏、止血、包扎、搬运伤员和护理方法等；学会急救药品和消防设备的使用等知识和技能。

各年龄学生应掌握的知识

1 ~ 3 年级的学生，应了解学校所在地区和生活环境中可能发生的自然灾害及其危险性；学习躲避自然灾害引发危险的简单方法，初步学会在自然灾害发生时的自我保护和求助及逃生的简单技能。幼儿园的小朋友，可参照小学低年级的内容学习。

4 ~ 6 年级的学生，应了解影响家乡生态环境的常见问题，形成保护自然环境和躲避自然灾害的意识；学会躲避自然灾害的基本方法；掌握突发自然灾害预警信号级别含义及相应采取的防范措施。

初中生应学会冷静应对自然灾害事件，提高在自然灾害事件中自我保护和求助及逃生的基本技能；了解曾经发生在我国的重大自然灾害，认识人类活动与自然灾害之间的关系，增强环境保护意识和生态意识。

高中生应基本掌握在自然灾害中自救的各种技能，学习紧急救护他人的基本技能；了解有关环境保护的法律法规；能结合当地实际情况，为保护和改善自然环境做贡献。

学会识别地震谣传

在过度关注“地震消息”的过程中，一些传言被不断放大和传播，这会严重扰乱人们的正常生活和生产秩序。

那些明显违反科学原理，或带有浓厚的迷信色彩的“地震消息”必为地震谣传。

例如，“某月某日某时刻将在某地发生某级地震”的说法肯定是地震谣传。因为当前地震预报水平有限，不可能做出这么准确的临震预报。

只要不是政府发布的，都不要相信，更不应传播。

当听到地震传闻时，应及时向当地政府和地震部门反映，积极协助有关部门平息谣传。

核实地震谣传的办法

询问当地政府或地震管理部门，或查询地震部门网页信息公告，或查看相关部门官方微博、微信等发布的信息，或收听收看广播电视等媒体信息公告。

熟悉校内和校外环境

所有的学生都应该主动熟悉校内和校外环境。例如：紧急疏散场地在哪里？学校的灭火器放在哪里？水源在什么地方？化学实验室、食堂等处有什么危险品？遇到特殊情况向谁报告？附近的医院、门诊部在哪里？附近有没有生产危险品的工厂？教室外面有没有高大建筑物或其他危险物？

应了解学校的校舍防震状况，了解它们的抗震性能是否达到了所在城市的抗震要求。

应了解学校附近有没有政府规划建设的地震应急避难场所，及其出入口、水源、食品、公厕等位置，了解途经哪些道路、高楼，便于地震时能够迅速安全进入应急避难场所。

在遇到突发事件时，学校的操场往往是紧急避难场所。因此，**在平时要注意观察和了解学校操场的情况。**

（1）仔细观察操场附近有无高大建筑物。一般来说，地震时，距离建筑物高度的1.5倍以外即是安全区。

（2）了解操场附近有无化工厂、煤气站等危险、有毒气体源。如果有，地震时应注意防护。

（3）了解操场附近有无河流、湖泊等，是处于其上游还是下游。如果操场处于河流或湖泊下游，地震时应尽快绕到河流或湖泊的垂直方向去，避免河（湖）水决堤被洪水卷走。如果操场建在山坡的下面，地震时应尽快绕到山坡的垂直方向去，避免被山坡上的滚石砸伤，或出现山体滑坡、泥石流等。

必须重视地震应急逃生知识的学习训练

很多实例都说明，加强地震科普宣传教育，进行科学有效的应急逃生演练，提高全社会的防震减灾意识和能力，对减轻地震灾害所造成的人员伤亡损失是非常重要的。

在对青少年进行防震减灾宣传和组织防灾演练方面，多震的日本的很多做法是非常值得我们借鉴的。

日本政府规定，无论是防灾演练还是地震真正来临，教师都要根据实际情况，向学生发出“躲避”或“撤离”的指令；教师有责任等待全班学生都安全躲避或撤离之后，再设法保护自身。

从小学入学到高中毕业的12年间，日本的青少年每年都能通过逼真的演练“亲历”地震，并感受到被保护的安全感。到成年时，他们便不会再对地震感到恐惧。

除了学校定期组织学生进行地震避险和逃生演练外，日本由各个城市的消防队管理的地震模拟车，也承担起了帮助青少年和成年人学习这些技能的责任，利用节假日，让人们体验地震，学习逃生避险知识。

我们要从一次次的灾难中吸取教训，认真学习先进国家的经验，平时就注意学习防震减灾知识，经常参加应急演练，培养处变不惊和随机应变的能力，努力将地震可能造成的灾害损失减小到最低程度。

参加防震演练

平时找好紧急避险的地方，如卫生间、坚固的桌子下面，进行“10秒钟”紧急避险练习。

平时找好安全、畅通的线路，进行“1分钟”紧急撤离与疏散练习。

应经常参加学校召开的防震主题班会，学习防震避震知识，开展逃生演练。积极参加学校和社区组织的避震演练、疏散演练、救护演练等。

学校的地震应急疏散演练更注重于不断增强学生的防震减灾意识和技能，使其今后走向社会，在各种环境下遭遇地震时都能最大限度避免伤亡。同时，也有通过“教育一个学生，带动一个家庭，影响整个社会”的目标和意义。

 学校的日常防震准备

为了应对突发地震，尽量减少灾害损失，做好学校的防震准备工作是非常重要的。

教室内的**桌椅摆放**与窗户、外墙应保持一定距离，以免外墙塌倒伤人；教室内应留出一定的**通道**，便于紧急撤离；年小体弱、有残疾的同学，应安排在方便避震或能迅速撤离的方位；地震多发地区，最好能加固课桌、讲台，便于藏身避震；在平时，应定期检查和加固教室的悬挂物。

一旦突然发生破坏性地震，所有学生都应知道如何立即在附近采取科学有效的**避震措施**，待地震暂时平息后，在教师的统一指挥下，迅速并有序地按照固定的疏散路线撤离到室外安全地带。

共同制定家庭防震计划

熟知自己家庭和学校的应急避险环境，如疏散通道、水电和燃气开关、消防设备、应急避难场所等。

家庭防震计划，家庭成员分工

平时应事先想好万一被关在屋子里，如何逃脱的方法，准备好梯子、绳索等。

制定家庭地震应急预案，明确**安全的躲避地点和逃生路线**，分配每个家庭成员震时的应急任务，以防手忙脚乱，耽误宝贵时间。

确定避震地点和疏散路线，事先要实际体验，确保做到畅通无阻。约定遇到突发事件无法一起撤离的情况下，全家人的**集合地点**。

落实防火措施，准备必要的家庭消防器材；家中易燃物品要妥善保管；学习必要的防火、灭火知识。

每年至少进行一次全体家庭成员参加的家庭应急演习。

确定紧急状态时的家庭成员集合处，包括家中发生意外时可去的屋外安全地点。例如，当地震发生时，去社区广场、公园或应急避难场所。务必使每个家庭成员都了解家庭集合处。当意外发生后难以到达上述地点时，确定可去的其他交通便捷地。

共同准备一个家庭地震应急包

平时准备一个家庭地震应急包是很有必要的，里面的东西可以满足幸存人员的最低需求，以最大限度地延长等待救援的时间。

应急包里主要有**生活必需品、常用药品和必备工具**等。例如，应急的食物和水、超薄保温雨衣、口罩、棉线手套、保温应急毯、充电宝、帐篷等；过氧化氢、抗生素药膏、酒精棉签、抗腹泻药物、处方药及其他需要长期服用的药物、纱布绷带等；手电筒、尼龙绳、高频哨子、水壶、金属镊子、剪刀、多功能刀、多功能钳、多功能折叠铲和收音机；等等。

家庭地震应急包，应放在紧急情况下**容易拿到的地方**。

应急包里所放物品只限于被困时候能救命的物品，不要放化妆品、贵重首饰之类的非必需品，以免占用其他物品的摆放空间。

应急包里的食品和药品等有保质期，应注意及时更新补充。

制作家庭成员信息联络卡

为每位家庭成员准备一张信息联络卡（老人和儿童尤其必需）。上面记录本人的名字、家庭地址、家庭其他成员、联络电话、年龄、血型、紧急联络人、既往病史等信息。注意及时更新，并在工作单位和邻居家备份。

共同做好家庭地震安全隐患排查

你可以通过在家中进行“地震安全隐患排查”来寻找地震中的潜在危险。应逐一巡视你的房间，设想地震时房中将会发生什么情况。用你的常识来进行预测，找出安全隐患。一些**可能的安全隐患**包括：

书架等又高大又笨重的家具，在地震中可能会倒塌。

热水器可能会从墙壁和管道上脱离并碎裂。

煤气管道或电线可能会被破坏。

挂在床上方较重的相框或镜子可能会掉下来

……

请设法逐个排除这些安全隐患，应妥善安置各种重物。

合理放置家具物品

组合家具应连接好，固定在墙上或地上；尽量不使用带轮子的家具，以防震时滑移。

大衣柜、橱柜、电冰箱等高大家具和家电应特别固定，家具顶部不要放重物；

橱柜内的东西有规律摆放：重的东西放在下面，轻的东西放在上边。

在橱柜、窗户等的玻璃上，粘上透明薄膜或胶布，以防止玻璃破碎时四处飞溅。

把悬挂的物品取下来，或设法牢牢固定。

易燃易爆和有毒物品要放在安全的地方。

应定期清理家里以及门口和楼道的杂物，保持门口、楼道畅通。

家庭防震演习

防震演习可以让全家人知道在遇到地震时该怎么办。

每个家庭成员都应该知道家里**电源和煤气的总开关**在哪里，必要的时候如何紧急关闭。在煤气阀门附近备放一把规格合适的扳手。

每个家庭成员都应该知道各个房间的安全地点在哪里。

最佳安全点是紧贴内部承重墙的地方；坚固的家具，如书桌或其他硬质桌子的下面或旁边也较安全。

应远离窗户、悬挂物件、镜子以及较高的没有固定的家具。

应通过亲身体验如何在安全地点躲避，来巩固这些知识，让每个家庭成员加深记忆，这点对孩子们来说尤其重要。

熟悉自家附近的安全疏散路线和场地

（1）你知道离自家最近的应急避难场所在什么地方吗？如果没有，就找一块离家最近的面积较大、平坦开阔、周围没有高大建筑的地方，作为应急避难场所（必要时可请家长协助）。

设计一条最短并且平时能保障畅通的路线，通过这条路线，你能很快从家里跑到“避难场所”。

（2）画出你的路线图并征求父母的意见，如果需要，就进行必要的修改。

（3）实地测算一下，自己平时从家里跑到避难场所最短的时间是多少。在测算的时候，一定要确保安全。

想一想：熟悉安全疏散路线和场地有什么好处？

六、学习现场急救知识

 学点现场急救知识

在正常室温下，心脏骤停 4 分钟后脑细胞就会出现不可逆转的损害；如果时间在 10 分钟以上，即使病人抢救过来，也可能脑死亡，成为植物人。所以，在医学界有“救命的黄金时间”之说。

在日常生活中，80% 以上危及生命的突发情况都发生在医院之外。在多数情况下，医生很难在几分钟内赶到需要救护的伤病员现场。因此，“向全民普及卫生救护知识和技能”“减灾始于学校”的理念已在全世界范围内取得共识。

中小学生应该积极参加急救技能方面的学习和培训，并将学到的知识与技能传授给亲朋好友。这不仅能提高自身的综合素质，还能在危急时刻挽救自己或他人的生命，意义重大。

出现外出血需要及时处理

血液是人体重要的组成部分，成人的血液总量约占体重的 8%；少年儿童血液的总量可达体重的 9%。创伤一般都会引起出血。当失血量达到 20%时，就会出现血压下降、休克等明显症状中；失血量达到 30%以上时，就有生命危险。因此，出血后，**一定要想办法采取科学的措施尽快止血**。

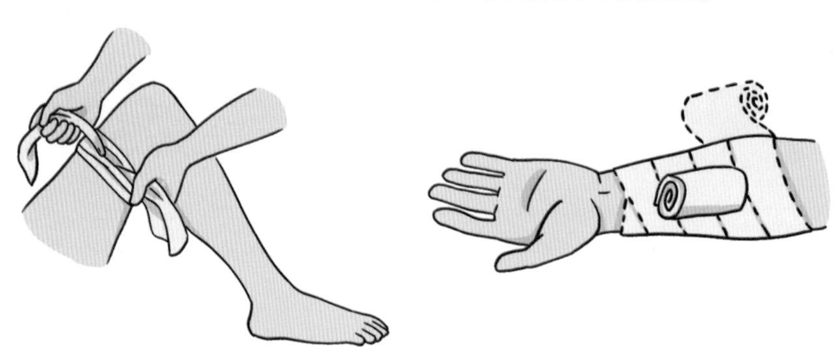

按部位的不同，出血分为皮下出血、外出血和内出血三种类型。外出血是指皮肤损伤，血液从伤口流出。遇到这种情况，为了避免失血过多，就要采取一定的方法进行止血处理。

要想在关键的时候能够采取科学有效的应对措施，平时就要学好知识，掌握相应的技能。

压迫止血方法

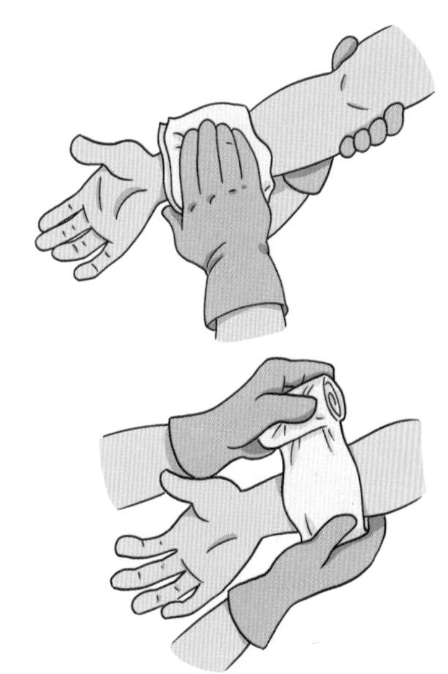

轻微的出血（如皮肤擦伤，浅小的切割伤等）通常会自行止血，清洁伤口后，用创可贴盖住即可，不需要对伤口进行特殊处理。

但对于大量的外出血，则需要紧急处理。外出血的压迫止血方法：

●先检查伤口内有无异物，如果有，需要先用镊子或手指捏着纱布将异物取出。

●将敷料（干净的纱布块、手帕或其他布料）覆盖到伤口上，用手直接压迫止血。要持续约 10 分钟，直到出血停止。

●如果敷料被血液湿透，不要更换，再取敷料在原有敷料上覆盖，继续压迫止血。

●在压迫止血的同时，可以将受伤的肢体抬高到高于心脏的位置（如果肢体允许活动），以减少出血。

【注意事项】

◆如果伤口内有较大的异物，如玻璃碎片或其他尖锐物品，则不要盲目尝试取出，因为取出异物后有可能加重出血或损伤。

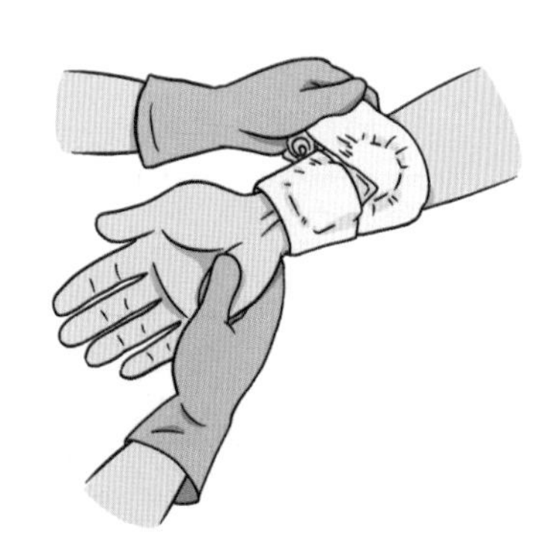

在这种情况下，可用间接加压止血法：在伤口异物两侧或周围垫上敷料，再用绷带或布条缠绕包扎固定异物，在伤口周围加压止血，然后将患者送到医院。

◆如果出血较多，那么在现场采取止血措施的同时，应尽快呼叫救护车。

 包扎是外伤现场应急处理的重要措施

创口小的出血，用无菌纱布压迫止血后，如果想减少感染、保护伤口、减少疼痛，可以把压在伤口上的无菌纱布用绷带缠起来，这就是**包扎**。

包扎也是一种常见的止血方法。常用的材料有绷带、三角巾、止血带等。紧急情况下，干净的毛巾、头巾、手帕、衣服等可作为临时的**包扎材料**。

包扎是外伤现场应急处理的重要措施之一，进行包扎是需要一定的知识和技巧的。

及时正确的包扎，可以达到有效止血、减少感染和疼痛等目的。错误的包扎，可能导致出血增加、加重感染、造成新的伤害、遗留后遗症等不良后果。因此，在平时一定要多学习，多查资料，才能保证在需要的时候按照最科学、有效的方法去包扎。

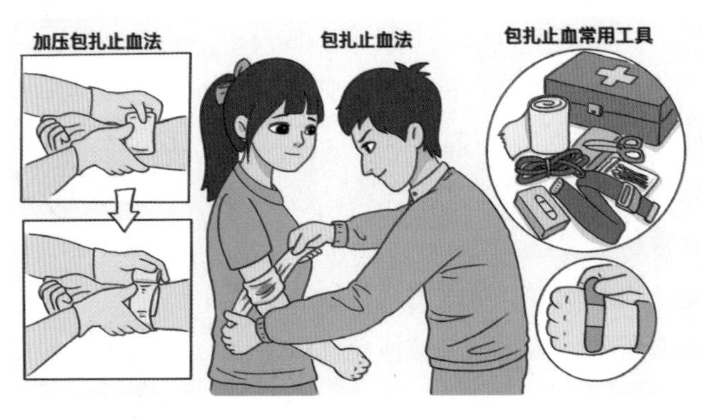

 环形包扎法

小学生至少应掌握最简单的包扎方法：环形包扎法。

例如，手臂受伤时，打开绷带卷，把绷带斜放伤肢上，用手压住，先将绷带绕肢体包扎一周后，再将带头和一个小角反折过来，继续绕圈包扎，第二圈盖住第一圈，以此类推，包 3 ~ 4 圈就可以了。

这种方法最常用，不仅常用于肢体较小部位的包扎，也用于其他包扎法的开始和结尾。

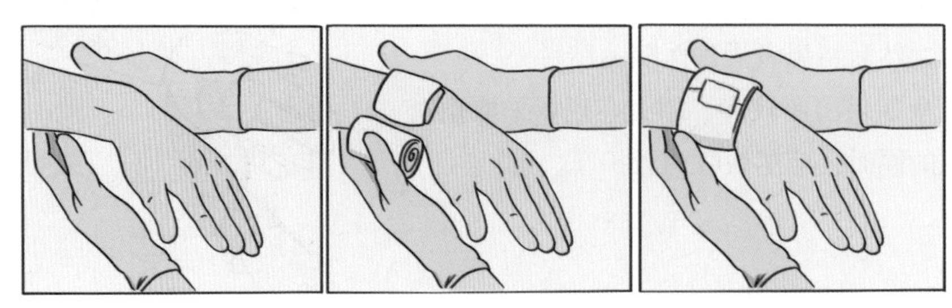

 螺旋包扎法

在受伤处盖一块敷料（纱布垫或布垫）。

从受伤肢体的远端开始，自远心端向近心端包扎。

包扎时先重复缠绕固定起始端，再由内而外扎，扎牢，每绕一圈时，绷带应遮盖前一圈绷带的 2/3。

包扎绷带把敷料完全遮盖后，将绷带重复绕一圈，在肢体外侧（上肢大拇指为外侧，下肢小脚趾为外侧）打结，或用别针固定绷带。

【注意事项】

包扎结束后，应检查露出来的手指（脚趾）的血液循环情况。

按压手指（脚趾）甲，放开手后两秒钟，手指（脚趾）甲如果不能迅速恢复红润，仍然苍白，则说明血液循环不佳；还可观察伤肢远端的皮肤是否苍白，询问伤者健侧手指（脚趾）尖是否麻木，如果苍白或麻木，说明血液循环不佳。这时，应松开绷带，重新包扎。

 人字形包扎法

用于包扎能弯曲的关节，如肘部、膝部、手部及脚踝。

包扎时先将绷带在关节中央重复缠绕作固定，然后绕一圈向下，再绕一圈向上，反复向下、向上缠绕。包扎结束时，在关节的上方重复缠绕作固定。

包扎结束时，在关节的上方重复缠绕做固定

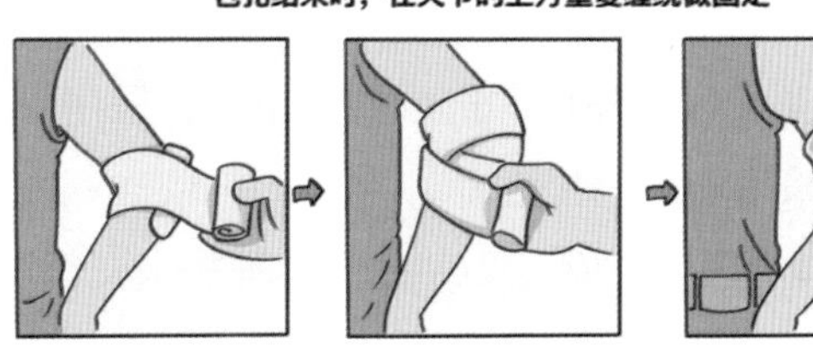

 “8”字包扎法

“8”字包扎法适用于手及关节部位的损伤固定。先用敷料压住伤口压迫止血，在手腕处环形缠绕几圈以固定带头。

然后斜拉绷带压住敷料至对侧，沿小手指甲床高度环绕一圈。

从另一侧斜拉向上至手腕处，以 8 字形重复缠绕。

每一圈缠绕压住上一圈的2/3，向近心端平行上移，待敷料被完全覆盖后，于手腕处环形两周在外侧结尾，最后查看血液循环。

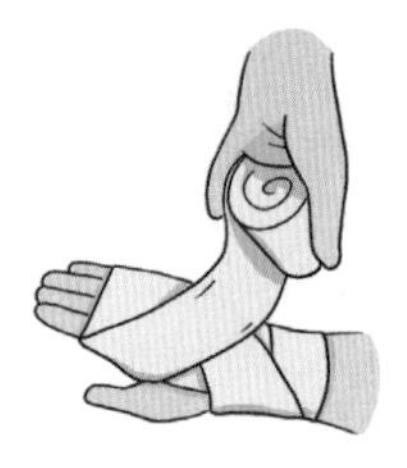
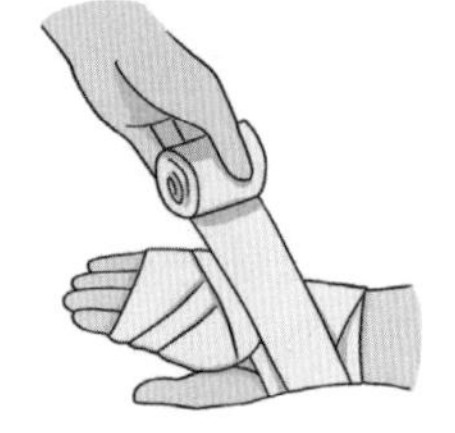
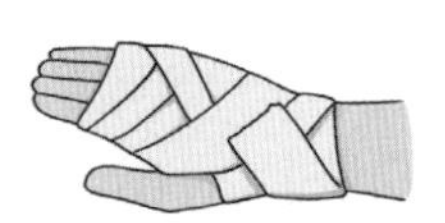

 三角巾包扎法

用三角巾包扎头部的步骤如下：

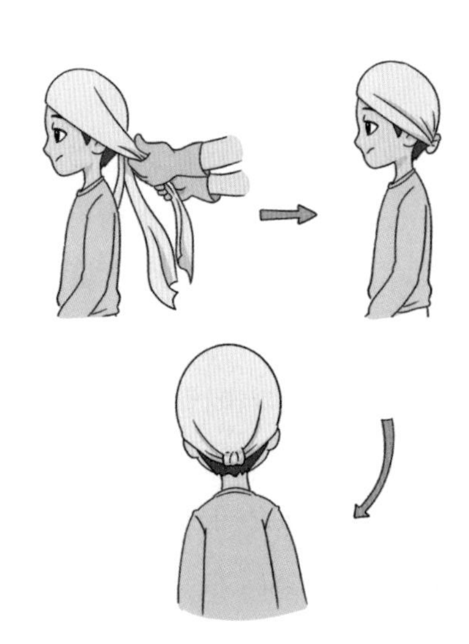

●让伤员坐下，在受伤处盖一块敷料。

●把三角巾的底边叠成两横指宽，围在伤员的前额眉毛上边，再把三角巾的顶角拉到伤员的头后面。

●把三角巾的两端从伤员的耳朵上边向后收，在头后面枕骨下交叉，再绕回到前额中间打结。

把头后面三角巾的顶角拉紧，再塞到两端交叉处的里边。

 加压包扎止血法

如果受了各种外伤，造成血管出血，采用一般的包扎方法后**渗血不止**，就要考虑采用加压包扎止血。

首先要选用活力碘、双氧水、生理盐水交替冲洗，进行伤口的清创消毒，可确保伤口内没有异物、残渣、碎屑等残留。

其次用两三块消毒纱布盖在伤口上，再用绷带缠紧包扎，这样可以使伤口上受些压力，一般中小程度的出血经过这样的处理以后，就能够止住血液外流。

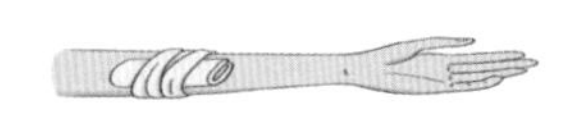

加压止血时要注意力度不能太大，以免引起局部组织缺血、缺氧，不利于切口愈合，甚至有可能发生组织坏死的风险。

骨折的现场处置原则

骨折即由于外伤或病理等原因致使骨头或骨头的结构完全或部分断裂。

发生骨折时，如果骨的断端穿破了皮肤和外界相通，被称作开放性骨折。伤口处可能有大量出血，一般可立即用消毒纱布或干净的布进行包扎止血。必要时，还要对骨折的相关部位进行固定。

骨折现场的处理原则如下：

●初步判断患者是否有骨折。一般情况下骨折部位可有肿胀、疼痛和肢体变形。

受伤的肢体不能活动，或出现不正常的活动。

●现场不宜尝试骨折复位。

●及时呼叫救护车。

●就地取材，用绷带、三角巾、头巾等物品固定骨折部位。

骨折固定的方法

骨折固定所用的夹板的长短、宽狭，应根据骨折部位的需要来决定。长度须超过折断的骨头。在使用夹板或木棍、竹枝等代用品时，要包上棉花、布料等，以免夹伤皮肤。

在固定时，先用手握住折骨两端，轻巧地顺着骨头牵拉，避免断端互相交叉，然后再上夹板。

一般先固定骨折的两个断端，再固定其上下两个关节。

一定要保证夹板牢固、松紧适宜。四肢固定要露出指（趾）尖，便于观察血液循环。如出现苍白、发凉、青紫、麻木等现象，说明固定得太紧，应重新固定。

如找不到可供固定的硬物，也可用布带直接将伤肢绑在身上。骨折的上肢可固定在胸壁上，使前臂悬于胸前；骨折的下肢可同健肢固定在一起。

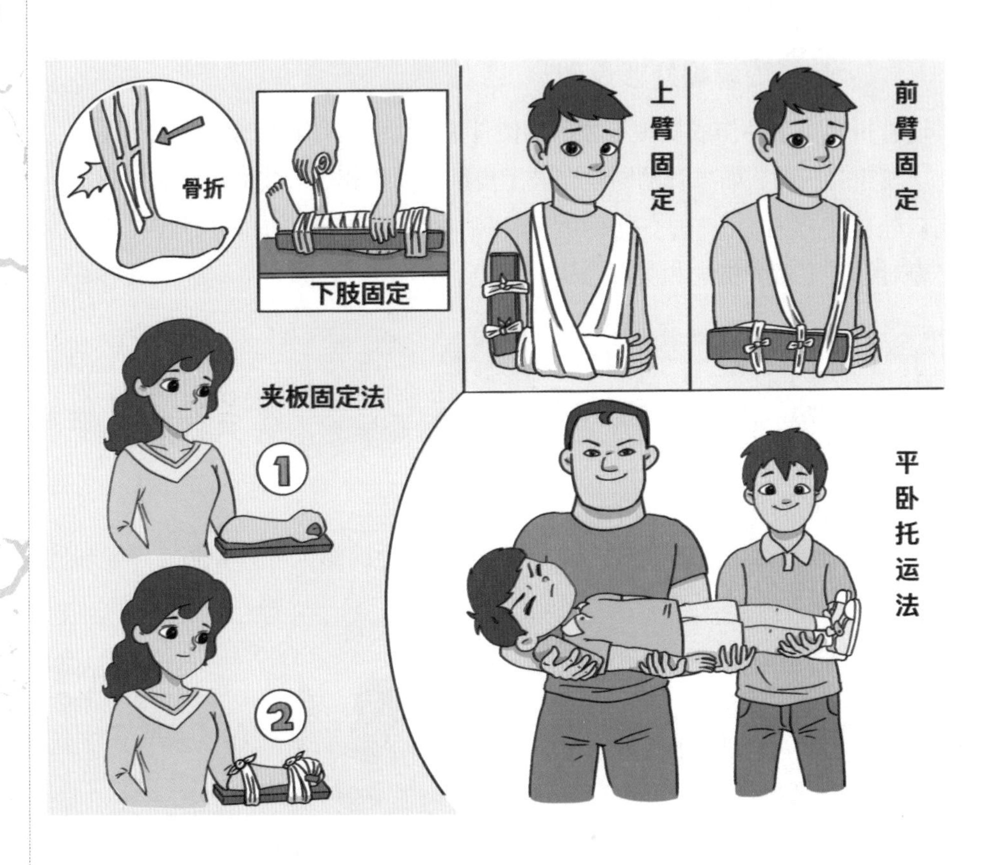

 心肺复苏术不难学

你知道什么是心肺复苏术吗？

心肺复苏术（简称“CPR”）是一种救助心跳停止病患的急救措施，是用人工呼吸和胸外按压进行抢救的一种技术。

当人在突发心脏病、溺水、车祸、药物中毒、高血压、触电、异物堵塞时，会导致心脏骤停、呼吸停止。在这种情况下，可以用心肺复苏术来抢救，并且时间越早，病人存活的概率越大。

听起来挺复杂的，是不是？你会不会有这样的担心：我能学会吗？

一定能，要有信心。只要用心学，几乎人人都能掌握。

早在 2009 年，奥地利学者就进行了专门研究。认为 9 岁的孩子可以而且应该学习并掌握心肺复苏术和急救知识技能。研究中的 147 名孩子通过 4 个月培训，86% 的孩子可以进行正确的心肺复苏；他们的急救知识和技能测试得分都在 80 分以上。

如果有机会，赶紧学习这项技能吧！说不定什么时候就能发挥大作用呢！

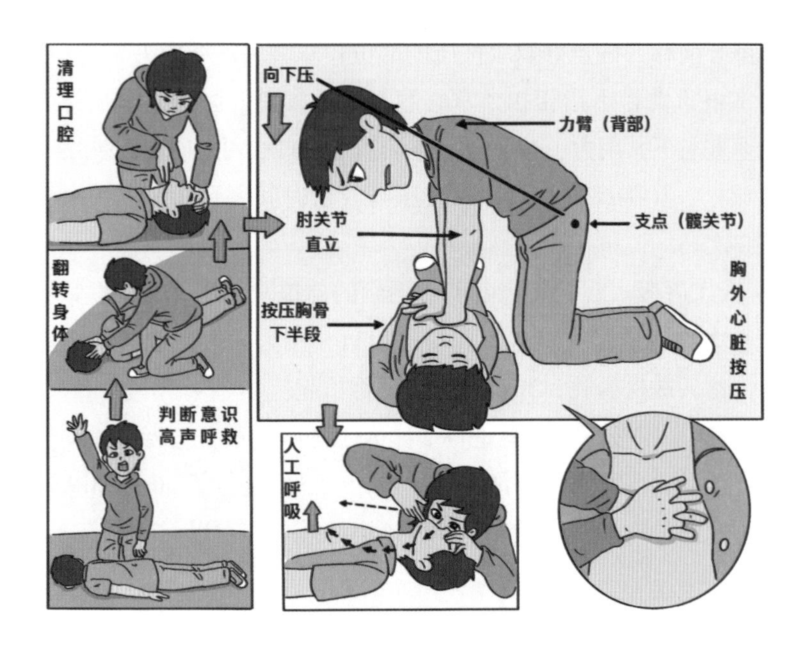

心肺复苏的基本步骤

（1）确认现场安全。施救前，必须确保远离火源、电源和危险化学品、危险建筑，确保自身安全。

（2）检查伤员情况。在确认现场安全的情况下，检查伤员是否有呼吸。

（3）打开气道。施救者用一只手轻压伤员的额头，使头部后仰；另一只手托起伤者下颏，迅速清理伤员口鼻内的污物、呕吐物和假牙，以保持呼吸道通畅。

（4）胸外心脏按压。如果伤员没有正常呼吸，只有喘息，立即准备开始实施胸外心脏按压。使伤员仰卧平躺。施救者跪在伤员躯干的一侧，两腿稍

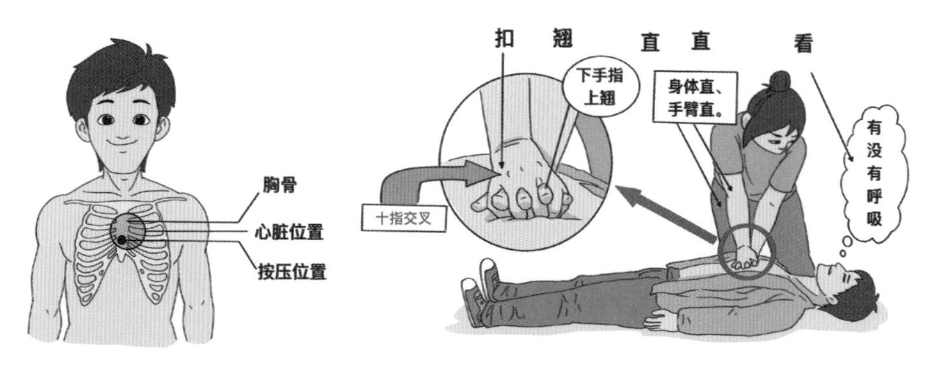

微分开，重心前移，确定好双手按压的部位：双乳头连线中央。

双手掌根重叠，十指相扣，掌心翘起，手指离开胸膛，上半身前倾，双臂伸直，垂直向下，用力、有节奏地连续按压 30 次。按压深度为 5 ~ 6 厘米，而后迅速放松，让胸廓自行复位。按压与放松时间大致相等，频率为每分钟不低于 100 次。

（5）人工呼吸。在保持患者仰头抬颏的前提下，用一只手捏紧伤员的鼻孔，深吸一大口气，张大口包紧伤员的口唇，用力而缓慢地向伤员口内吹气约 1 秒钟，然后放松鼻孔，并观察胸廓是否抬起。

每做 30 次心脏按压，交替进行 2 次人工呼吸。反复进行上述动作，直到伤者开始有活动，或有人接替你继续进行，或已经进行了 30 分钟以上。

如果不愿意进行人工呼吸，单纯实施心脏按压也可以。

正确拨打急救电话 120

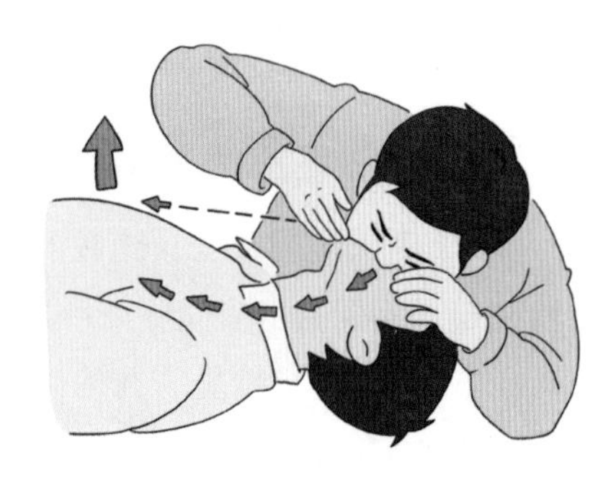

遇到突发重病、中毒或外伤时，应尽快打 120 呼救。

当你拨打 120 电话后，会听到循环语音提示“你已进入 120 急救系统，请不要挂机”，说明电话已接通。这时要等候一段时间，千万不要立即挂机。

在开始通话并确定对方是医疗救护中心后，应讲清楚病人患病或受伤的时间，目前的主要症状和现场已采取的初步急救措施，如服药、吸氧、心肺复苏、止血、包扎、固定等。

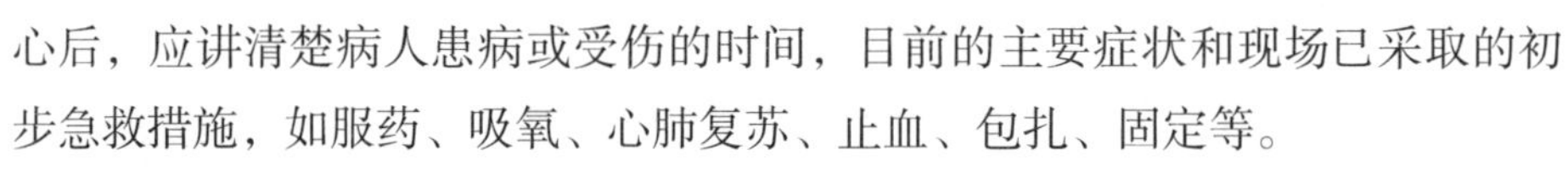

呼救人最好是了解病情和受伤情况的人，这样有助于准确报告病人最突出、最典型的发病表现，如意识不清、呕血、呕吐不止、呼吸困难等。

讲清楚病人的住址或发病现场的主要标志及行车的捷径，并说明交通和道路情况，如窄小胡同、修路情况，约定具体的候车地点，以便接应。候车地点最好是交通要道、公交车站、大型建筑物、明显的标志物。

报告呼救人的姓名及电话号码，一旦救护人员找不到病人时，可与呼救人联系。

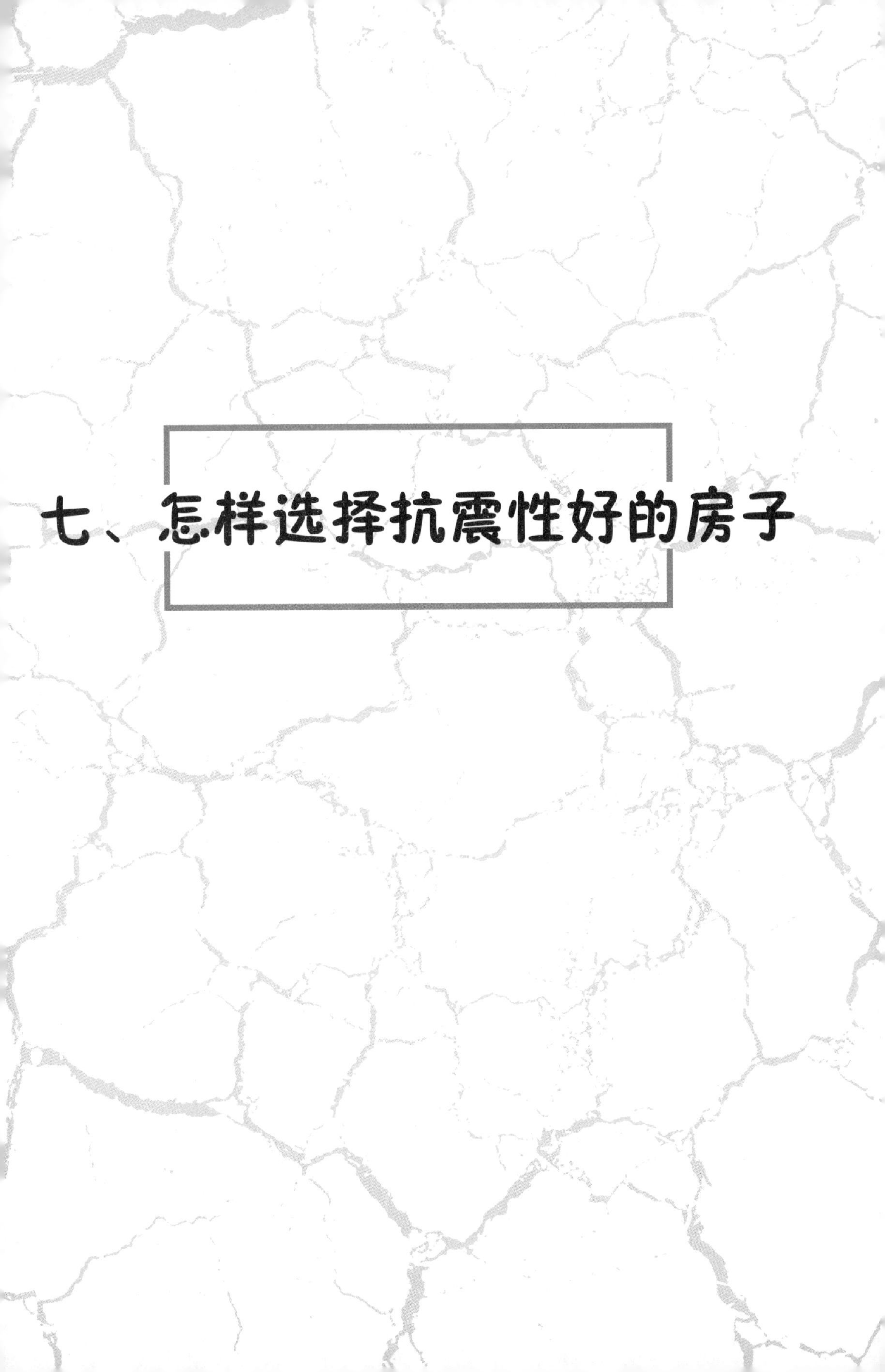

七、怎样选择抗震性好的房子

必须重视抗震设防

2010 年 1 月 12 日的海地 7.3 级地震，造成超过 20 万人死亡；而 2001 年 3 月，美国西部西雅图也曾发生过一次 7.0 级地震，地震时仅造成一人死亡，而且是受地震刺激，心脏病发作身亡。

1988 年，苏联加盟共和国亚美尼亚发生的 6.9 级地震，造成列宁纳坎市 80% 的建筑物倒塌，2.5 万人死亡，2.0 万人严重伤残；而美国旧金山 1989 年的 7.1 级地震，仅死亡 63 人。

造成这种差异的主要原因是发达国家更重视抗震设防，做到建筑选址科学，建筑设计有人审查，建筑材料有保证，施工质量有核查；而发展中国家在抗震设防的很多环节还有很大的提升空间。

一次次地震灾害的惨痛教训让人们深刻地认识到，加强抗震设防，把房子盖得结实，远比盖得漂亮和盖得高大更加重要。

据调查，遭遇 6 级左右地震袭击时，进行工程设防与不设防的损失差别就已经比较大了：

人员的伤亡比约为 1∶14；建筑物的损失比约为 1∶4.2；经济的损失比约为 1∶5.1。

抗震设防目标

诸多大地震显示，造成伤亡的不是地震本身，而是建筑物的坍塌。据统计，世界上 130 次曾经造成大量人员伤亡的巨大地震灾害中，95%以上的伤亡是因建筑物倒塌造成的。因此，针对当地可能出现的地震灾害，使建筑物尽量坚实牢固非常重要。

抗震设防目标，是对于建筑结构应具有的抗震安全性的要求。我国现阶段房屋建筑采用三水准的抗震设防目标，即：

第一目标——小震不坏。

第二目标——中震可修。

第三目标——大震不倒。

建筑物不仅包括住宅、校舍、商店、影剧院等生活设施，还包括那些特别重要、特殊的工程，如大型工厂、矿山、计算机网络工程、超大型桥梁等，也包括那些容易发生严重次生灾害的建筑设施，如大型水库、核电站、危险品仓库等。

建设工程抗震设防的三个环节

抗震设防要求，是指建设工程必须达到的抗御地震破坏的准则和技术指标。

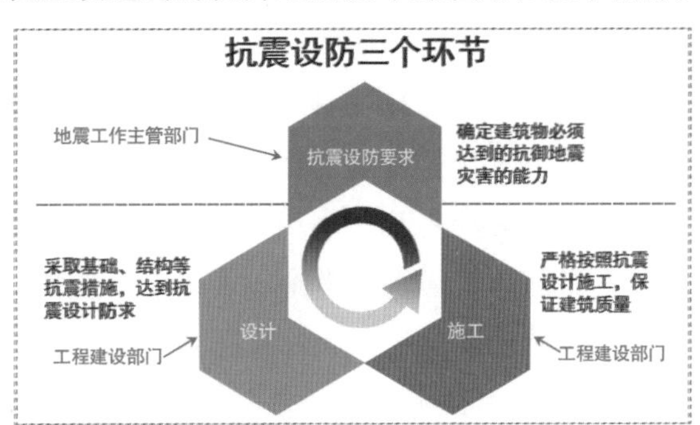

建设工程的抗震设防通常通过三个环节来实现：

（1）确定抗震设防要求，即确定建筑物必须达到的抗御地震灾害的能力。

（2）制定抗震设计标准（包括地震作用、抗震措施），即采取基础、结构等抗震措施，达到抗震设防要求。

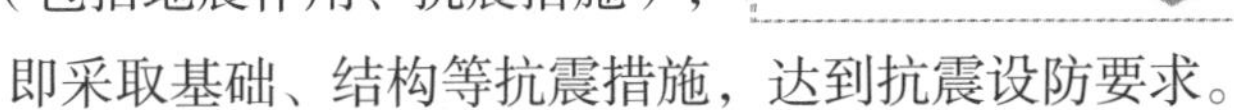

（3）抗震施工和监理，即严格按照抗震设计施工，保证建筑质量。

上述三个环节相辅相成、密不可分。

民居的抗震设防要求

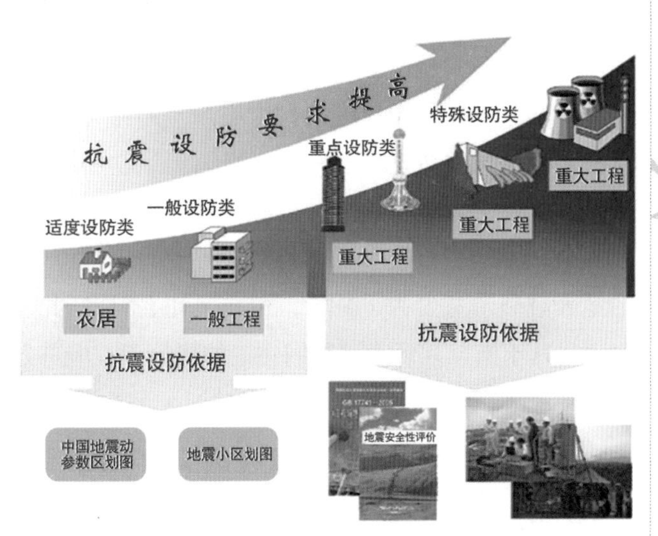

民居属于一般建设工程，而像核电站、大型水库等则属于重大建设工程。民居的抗震设防要求（也称防震标准）与防洪标准相似，用多少年一遇的地震进行表述。民居的抗震设防准则是三阶段设防，即“保强度，重措施，抗倒塌”；两阶段设计，即“强度验算，变形验算”。

建设工程一般是通过中国地震动参数区划图（强制性国家标准 GB 18306—2015）来确定其抗震设防要求；对于重大建设工程和可能产生次生灾害的建设工程，则需要通过“地震安全性评价”来确定其抗震设防要求。

学校、医院等人员密集场所的建设工程，应当按照高于当地一般房屋建筑的抗震设防要求进行设计和施工，采取有效措施，增强抗震设防能力。

建筑工程应避开活断层

抗震设防的最基本要求是选址。建筑工程应避开活断层。活断层是指与地震发生关系最为密切的，在现代构造环境下曾有活动的那些断层，即第四纪以来尤其是距今 10 万年来有过活动，今后仍可能活动的断层。

活断层不仅是产生地震的根源，而且地震时沿断层线的破坏最为严重，人员伤亡也明显大于断层两侧的其他区域；7 级以上地震往往造成地表数米的错动，目前的抗震设防措施还难以阻止数米同震地表错动对地面设施的直接毁坏，沿活动断层将形成毁灭性灾害带。例如，1995 年日本阪神地震、1999 年土耳其伊兹米特地震，以及我国 1999 年台湾集集地震、2008 年四川汶川地震等的重灾区都集中在它们各自的发震活断层沿线及其附近地带，而远离发震活断层，其灾害损失迅速减轻。

我国许多大城市和城市群位于易发生大地震的大型活动断裂带附近。同学们可通过中国地震灾害防御中心门户网站（https://www.eq-cedpc.cn/）的地震活动断层探察数据中心专题，查询到活动断层的分布情况，颜色为红色、紫色的断层带上发生地震的可能性较大，所遭遇的地震灾害风险也越高。大地震会产生地表破裂带，摧毁破裂带上的工程建筑。一般单个断层破裂引发的地表破裂带宽度为十几米，主断层加上引发的次级破裂构成的破裂带宽度范围在几十米至几百米，我们建造的建筑工程应首先做到安全避让断层带。

怎样才能确保房屋在地震时不倒

要使房屋在地震时不倒，除了房屋选址应避开活断层外，还应采取一些必要的技术措施，如抗震设计、抗震加固、隔减震技术等，以抵抗或削减地震的作用力。

按照国家技术标准进行设计与施工的建筑，都具有一定的抗震能力。

如果建筑年代久远，房屋抗震能力将下降，应进行房屋抗震性能鉴定与加固。

抗震加固的基本方法可归纳为两大类：一是提高抵御地震的能力，也就

是说通过加固使房屋的结构构件足够结实，地震中不发生破坏，或即便发生破坏但还有一定的变形能力，使得房屋在地震时不致发生倒塌，这是传统的抗震加固方法；二是减小地震动对房屋产生的力，从而使对房屋结构构件本身不加固或少加固，同样达到预期的目的，这是目前比较先进的抗震加固技术，常用的有消能减震加固技术和隔震加固技术。

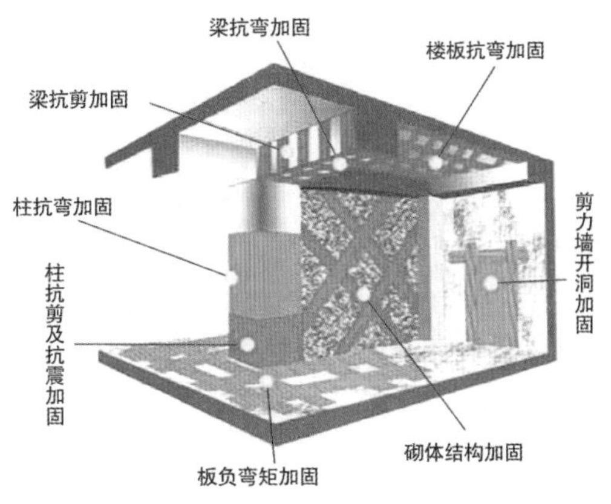

怎样选购抗震性能好的房子

（1）看好“两书一表”。地震是天灾，但是房屋建筑质量不过关的话就是人祸了。作为购房者，在买房时不仅要了解开发商的品牌及实力，还要关注该楼盘开发商的信誉、建筑设计单位的资质与水平，更要会看建筑队伍和监理单位的资质。最主要是注重观察房屋品质及建材的质量好坏，了解房屋的建筑结构，不要被漂亮的外立面，装饰豪华、美丽的样板间所蒙蔽。

房屋抗震相关要求，体现在“两书一表”即《住宅质量保证书》《住宅使用说明书》及《项目竣工工程备案表》中；房屋的建筑结构形式，直接写明在购房合同中，你的安全就获得了最大的保障。

（2）看房屋所在环境。房屋所在的周边环境地形地貌是否为突出的山嘴、高耸的山包、非岩质的陡坡，是否处于不稳定的冲沟，以及是否处在可能形成滑坡、地陷、崩塌、危岩滚落的危险地段，所处的场地是否有发震活断层等。一般位于以上位置，更容易受到地震的影响。

（3）看平面与立面。看看房屋的平面与立面形状，是简单方正、自重布置匀称，还是形状复杂，刚度变化多，局部突出或外部轮廓曲折等。一般而言，越是设计简单、方正，房子的抗震能力越强。选房时，不要过于追求小区造型的个性。对立面而言，那些看上去显得头重脚轻的建筑，特别是底层框架的支撑柱较细较疏的建筑物，往往抗震效果较差。无论是在平面或立面上，结构的布置都要力求使几何尺寸、质量、刚度、延性等均匀、对称、规整，避免突然变化。

（4）看房型。根据户型图，看建筑布局。一般来说，纵墙承重布局的建筑物，抗震性能较差；而横墙承重或纵横墙承重布局的建筑物，抗震性能较好。

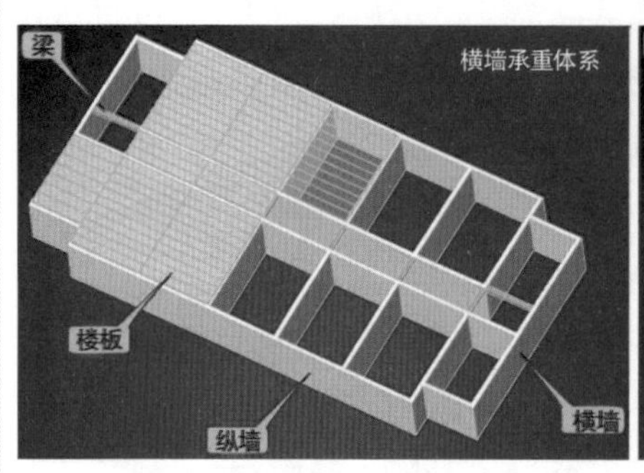

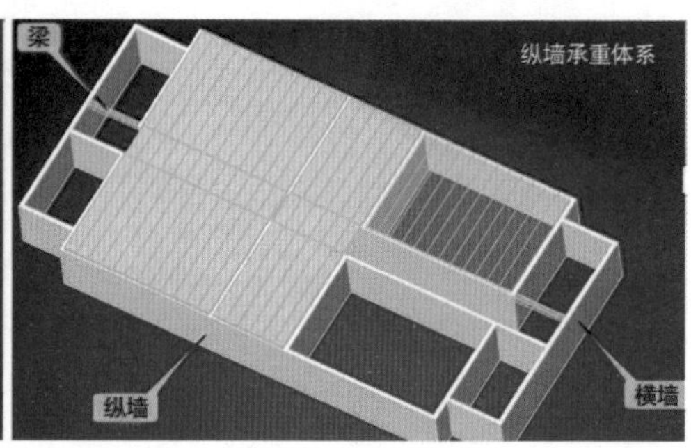

（5）看材料。钢筋混凝土结构比砖混结构的抗震效果相对较好。材料的选择上，那些采用延性材料（如钢筋）多的房子比脆性材料（如砖石）多的房子更加抗震。

（6）看室内。购房者在验收房屋时，首先要检查梁柱之接合处，有无龟裂的情形，如有，其缝隙不得大于一张名片的厚度；其次，结构处钢筋不得外露；建筑物地下室、墙面不得有渗水情形；最后，还要注意混凝土是否光滑，如发现开裂问题，应让施工方及时修补。

哪种结构的房子更抗震

现有的建筑结构形式，主要有砖混结构、框架结构、剪力墙结构、框剪结构、钢结构等。应该说，无论哪一种结构，只要设计合理，高度与结构形式相匹配，就都应该是抗震的。

（1）钢结构。钢结构是以钢材为主要结构材料。钢材的特点是强度高、重量轻，材料具有匀质性和强韧性，适应较大变形，能很好地承受动力荷载，具有很好的抗震能力。（抗震级别：★★★★★）

缺点是造价高，保养费用昂贵；害怕腐蚀，建筑保养困难；最怕高温，怕火灾（美国世贸大厦就是钢结构形式，因飞机撞击产生大火，而将整栋建筑烧塌）。

一般的超高层建筑（100 米以上）或者跨度较大的建筑，通常采用钢结构形式建造。

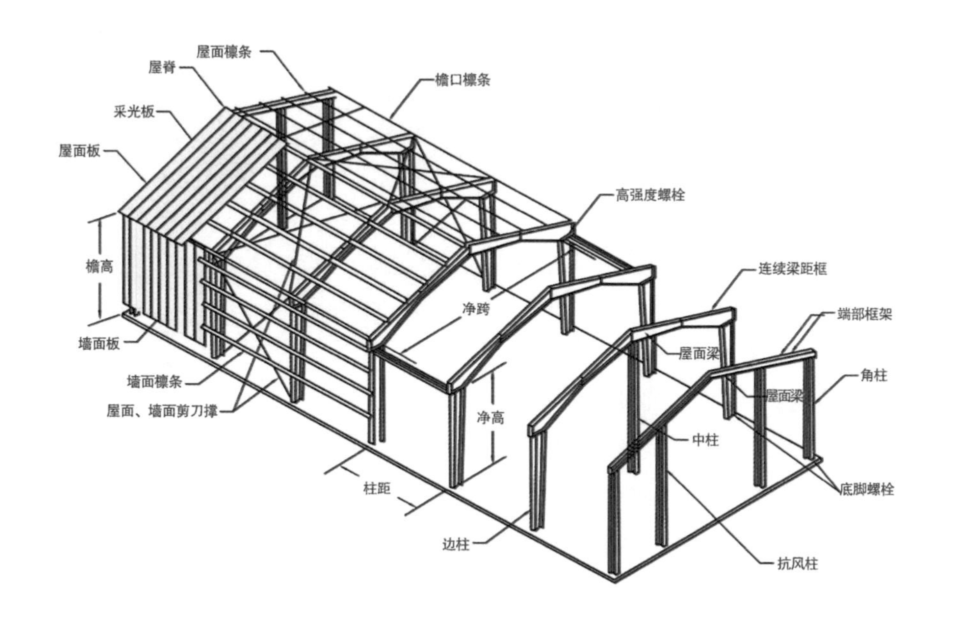

（2）剪力墙结构。剪力墙是用钢筋混凝土墙板承担各类荷载，能有效控制结构的水平力。（抗震级别：★★★★）

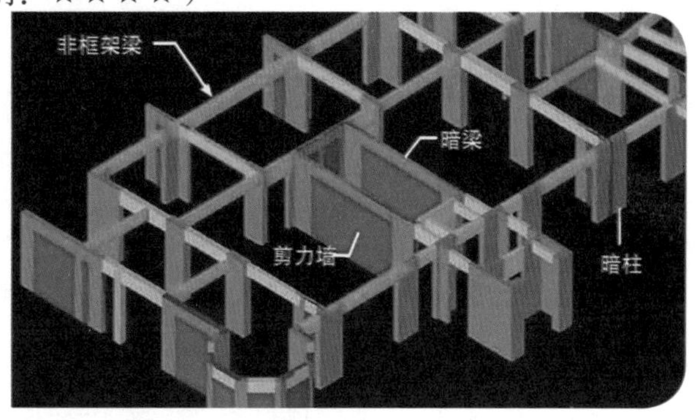

缺点是混凝土用量多，自重大，总高度通常无法超过150米。

剪力墙结构在高层房屋（10层及10层以上的居住建筑或高度超过24米的建筑）中被大量运用。

混凝土墙体为高强度承重墙体，墙体不能拆改。

（3）框架结构。框架结构是由钢筋混凝土浇灌成的承重梁柱组成骨架，再用空心砖或预制的加气混凝土、陶粒等轻质板材作隔墙分户装配而成。墙主要是起围护和隔离的作用，由于墙体不承重，所以可由各种轻质材料制成。（抗震级别：★★★）

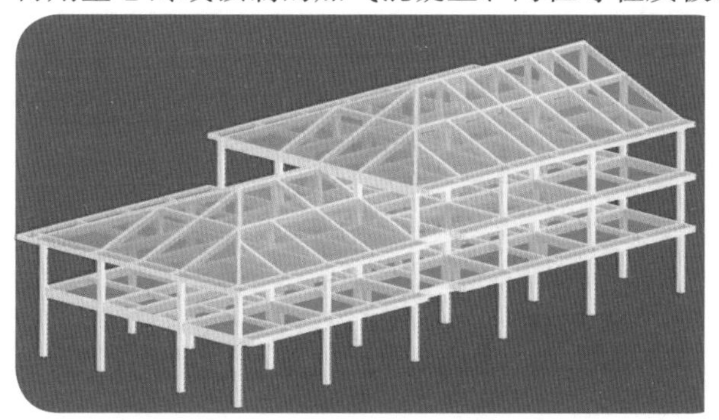

缺点是框架柱尺寸过大，不适合民用住宅。在地震多发区很难超过7层。

（4）框剪结构。框剪结构，又名框架剪力墙结构，是框架结构和剪力墙结构两种体系的结合，吸取了各自的长处，既能为建筑平面布置提供较大的使用空间，又具有良好的抗力性能。这种结构的住房有很好的抗震性。（抗震级别：★★★☆）

框剪结构在现代建筑设计中应用较为普遍，我们所见的大多数建筑都是框剪结构。

（5）砖混结构。砖混结构是指建筑物中竖向承重的墙、柱等采用砖或者砌块砌筑，横向承重的梁、楼板、屋面板等采用钢筋混凝土结构。（抗震级别：★★）

优点是施工简单，就地取材，造价低。抗震性能与前面的四种结构相比弱一些。

缺点是竖向和横向不是刚性连接，所以整体性很差。承重墙体不能随意改动，空间灵活性低。

砖混结构适合开间进深较小、房间面积小、多层或低层的建筑，一般以多层住宅（10层以下，最大楼高24米）为主。

由于年代久远和工艺质量的渐渐退化，砖混结构在城市建设中已经很少被应用。现存于一些15年甚至20年以上的老式旧楼中。

总的来说，在选购住房时，要多用心，认真权衡经济和安全的关系，做出最适合自己家庭的抉择。